UNDERGROUND SPACE EXPLOITATION
AND
SUSTAINABLE DEVELOPMENT

地下空间开发与可持续发展

范建国　陈　翰　等　编著

人民交通出版社
北　京

内 容 提 要

本书结合国内外地下空间典型工程案例，深入剖析了当前地下空间开发利用的现状、存在的问题及其成因，重点围绕地下空间规划、勘察、设计、安全管控与环境保护等关键环节展开研究，提出了一系列具有前瞻性的发展趋势与策略建议，旨在推动地下空间开发与利用的可持续发展。

本书可供从事城市地下空间规划、勘察、设计、施工及管理的工程技术人员和相关研究人员参考使用。

图书在版编目(CIP)数据

地下空间开发与可持续发展 / 范建国等编著.
北京 ：人民交通出版社股份有限公司, 2025. 9.
ISBN 978-7-114-20719-8

Ⅰ. TU984.11

中国国家版本馆 CIP 数据核字第 2025LS8442 号

Dixia Kongjian Kaifa yu Kechixu Fazhan

书　　名：地下空间开发与可持续发展
著 作 者：范建国　陈　翰　等
责任编辑：谢海龙　李学会
责任校对：赵媛媛　刘　璇
责任印制：张　凯
出版发行：人民交通出版社
地　　址：(100011)北京市朝阳区安定门外外馆斜街 3 号
网　　址：http://www.ccpcl.com.cn
销售电话：(010)85285911
总 经 销：人民交通出版社发行部
经　　销：各地新华书店
印　　刷：北京交通印务有限公司
开　　本：720×960　1/16
印　　张：10.5
字　　数：196 千
版　　次：2025 年 9 月　第 1 版
印　　次：2025 年 9 月　第 1 次印刷
书　　号：ISBN 978-7-114-20719-8
定　　价：80.00 元
(有印刷、装订质量问题的图书，由本社负责调换)

本书编委会

主　　编　范建国　陈　翰

副 主 编　费曼利　张潇丽　周华贵

编　　委　彭柳松　曲艺明　褚　凯　杨志斌　田　峰　田有圩
吕书清　曹　威　李兆龙　陈　洋　范国刚　刘文骏
毕丽平　邹　豪

编写单位　中铁第六勘察设计院集团有限公司

前 言

PREFACE

人类对地下空间的探索与利用源远流长。从史前时期的穴居、隋唐时期的窖仓，到工业革命时期伦敦地铁的建成，再到当今深层地下空间开发的构想，地下空间的功能与价值不断拓展，彰显出人类从被动适应到主动塑造地下环境的显著进步。

当前，我国城市地下空间开发已初步形成交通、市政、商业等多功能、立体化的发展格局。轨道交通网络持续扩展，综合管廊系统加快普及，地下商业与服务设施日益丰富，显著提升了城市空间利用效率。然而，我们也应清醒地认识到，现阶段仍存在开发层次偏浅、区域协同不足、全生命周期管理机制不完善等问题。尤其在深部地下空间开发中，岩土力学条件复杂、环境控制难度大等技术瓶颈仍有待突破。构建全域统筹、科技引领、绿色可持续的地下空间开发利用体系，已成为城市高质量发展的迫切需求。

本书结合国内外典型工程案例，从规划、勘察、设计、安全与环保等多维角度，系统分析地下空间开发的核心需求与发展趋势，并提出可持续发展路径与对策，以期为行业提供科学参考与实践指导。书中不仅总结了地下空间开发与资源、环境、社会的互动关系，更强调了其在我国新型城镇化进程中的战略意义。希望读者通过本书，能够深入理解地下空间开发的前沿动态与技术体系，提升应对复杂工程挑战的能力，共同推动地下空间开发利用迈向更加绿色、智能、可持续的未来。

本书由范建国、陈翰等编著，在本书撰写过程中获得了广大同行与同事们的大力支持，在此表示诚挚感谢！虽经反复推敲与修改，疏漏之处仍在所难免，恳请广大读者批评指正。

地下空间资源潜力巨大，前景广阔。我们期待以本书为媒介，与各界同人携手，共同推进我国地下空间事业的高质量、可持续发展。

作　者

2025 年 4 月

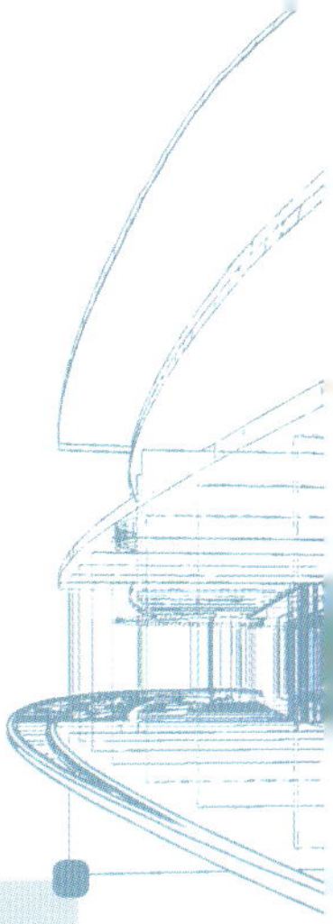

目　录

CONTENTS

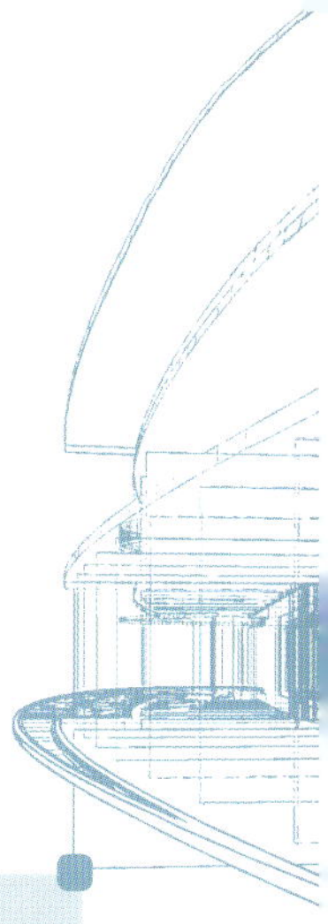

第1章 概 述

1.1 地下空间概念

地下空间是一个广泛的概念，主要指地表以下自然形成或人工开发的空间，涵盖了多种不同的用途和形态。这些空间用途广泛，形态多样，包括但不限于地下商城、地下停车场、地铁系统、矿井、军事设施、海底隧道等。从广义上讲，地下空间可以延伸至地心，但实际上人类主要开发利用的是地表以下一定深度的空间。

地下空间的开发利用是城市发展到一定阶段的产物，随着人口的增长和城市化进程的加快，土地资源的有限性迫使人们将目光投向了广阔的地下以寻求新的发展空间。地下空间的开发利用，有效缓解了城市扩张与土地资源之间的矛盾，为城市的可持续发展提供了有力支撑。

从古代文明到现代科技时代，地下空间一直扮演着重要角色，是人类社会漫长历史中的重要组成部分。古代时期，地下空间的应用相对简单，人类为了躲避自然灾害、野兽的袭击，开始在地下空间中建造简单的住所。中世纪时期，欧洲城市逐渐兴起，一些地下空间开始被用于工艺制造和建筑活动。

欧洲、北美等地区以及日本等国家开发利用地下空间的时间较早。早在古代，欧洲已利用地下空间进行军事、水利建设。然而，地下空间真正的现代化发展始于 19 世纪下半叶。1863 年，英国伦敦建成世界上第一条地铁——大都会地铁，这标志着地下交通系统的兴起。此后，法国、德国、美国、加拿大、日本等国家纷纷效仿，相继建立了各自的城市地下轨道交通系统，极大地促进了城市的快速发展，为人口流动提供了便利条件。到20世纪，地下空间的利用日益多元化，出现了包括地下商业、地下公共交通、地下停车场等在内的多种便民服务设施。

我国地下空间的开发利用始于20世纪50年代，随着时间的推移地下空间的类型不断丰富，逐渐形成一定规模。我国地下空间的开发利用大致可分为四个阶段。

第一阶段：20世纪80年代以前，地下空间的主体为地下人防工程。

第二阶段：20世纪80年代，建设了一批“平战结合”的地下人防工程，并改造了一批地下人防工程，在城市中发挥综合效益。

第三阶段：20世纪90年代，随着经济的发展、技术的进步，大型地下空间（如地下商场）初具规模。

第四阶段：21世纪以后，我国在公共交通、军民融合工程涉及的城市地下空间、设施等方面蓬勃发展。

城市地下空间的开发利用是城市化进程中的必然趋势，也是实现城市可持续发展的重要途径。随着技术的不断进步和规划理念的日益完善，地下空间的开发利用将呈现出更加多元化、立体化的特点，未来必将涌现更多创新性的地下空间项目，为城市的发展注入新的活力和动力。同时，我们也应清醒地认识到地下空间开发的复杂性和挑战性。只有通过科学的规划、精准的设计和系统的管理，才能确保地下空间开发的有序进行和可持续发展。

1.2 地下空间功能分类

目前，国内外地下空间的开发利用种类繁多，涵盖了交通、商业、文化、基础设施和防灾等多个方面，不同国家的不同城市因地制宜，根据城市规模、发展需求和地理条件等因素采取了不同的地下空间利用方式。根据地下空间的建设形式、开发深度、所处岩土环境、功能特性等，将其分为以下几种类型。

（1）根据建设形式，地下空间可分为单建式与合建式，见表1-1。单建式地下空间是指独立建设的地下空间，不与其他地下空间直接相连，通常只具备某一种特定功能，如地下停车场、地下仓库等。合建式地下空间是指与地面建筑或其他地下空间联合建设的地下空间，包括结建式和区域整体式，可以集成多种功能，如商业、办公、停车、交通等，常见的合建式地下空间有地下商业综合体、地铁车站、地下商场等。

地下空间按建设形式分类　表 1-1

类别	名称
单建式	单建式地下空间
合建式	结建式地下空间
	区域整体式地下空间

（2）根据开发深度，地下空间可分为浅层地下空间（0～−15m）、中层地下空间（−15～−50m）、深层地下空间（地表以下−50～−100m）与超深层地下空间（−100m 以下），见表 1-2。当前地下空间开发主要位于浅层和中层区域。

地下空间按开发深度分类　表 1-2

类别	名称	说明
浅层（包括半地下）	浅层地下空间	0～−15m
中层	次浅层地下空间	−15～−30m
	次深层地下空间	−30～−50m
深层	深层地下空间	−50～−100m
超深层	超深层地下空间	−100m 以下

注：地表深度为 0。

（3）根据地下空间所处岩土环境，地下空间可分为岩质地层地下空间、土质地层地下空间及复合地层地下空间。岩质地层、土质地层、复合地层如图 1-1～图 1-3 所示。

图 1-1　岩质地层

图 1-2　土质地层

图 1-3　复合地层

（4）根据功能特性，地下空间可分为地下交通空间、地下市政空间、地下公共服务空间、地下物流空间、地下防灾减灾空间、地下国防空间及地下其他空间等，见表 1-3。

地下空间按功能特性分类 表 1-3

类别	名称		
	大类	中类	小类举例
交通	地下交通空间	地下轨道交通	地下车辆基地、地铁车站、区间隧道等
		地下道路	道路隧道、地下立交、地下车库联络道等
		地下人行通道	
		地下停车场（站）	地下自走式停车库、地下机械式停车库等
		地下公交场（站）	地下公交车站、地下公交换乘枢纽等
		地下客运站	地下长途汽车站、地下火车站等
市政公用	地下市政空间	市政隧道	输水隧道、排水隧道等
		地下综合管廊	干线综合管廊、支线综合管廊、缆线管廊、电力隧道等
		地下市政场（站）	地下变电站、地下污水厂、地下垃圾转运站、地下垃圾焚烧厂、地下能源中心、地下燃气调压站等
社会公共服务	地下公共服务空间	地下商业	地下商场、地下商业街等
		地下行政办公	
		地下文化休闲	地下音乐厅、地下剧院、地下图书馆、地下博物馆、地下文物古迹及地下社区活动中心
		地下教育科研	地下实验室等
		地下体育	地下篮球场、地下游泳馆、地下射击场等
		地下医疗卫生	地下医院等
物流	地下物流空间	地下物流通道	
		地下货物场（站）	地下货物分拨场（站）、地下货物配送场（站）、地下物流终端场（站）等
		地下仓库	
		地下专业储库	地下粮库、地下汽油库、地下物资库、地下水库等
防灾减灾	地下防灾减灾空间	地下消防	地下消防站
		地下防洪	地下雨水调蓄池、排水调蓄隧道等
		地下防灾避难	地下防灾避难所等
国防	地下国防空间	人防防空工程	人民防空指挥工程、人民防空医疗救护工程、防空专业队工程、人员掩蔽工程、配套工程等
		地下军事工程	
其他	地下其他空间	其他	地下居住、地下工业场所、地下数据中心等

注：参考《城市地下空间与地下工程分类》（GB/T 41925—2022）。

地下空间的开发利用，为解决城市发展中的一些问题提供了新的思路和方案。地下环境的功能体现出多样化的特点，从交通、商业到文化、娱乐等多个方面，都对城市的发展产生了积极影响。

（1）交通运输

地下空间对城市交通系统起着至关重要的作用。其中，地下交通是地下空间交通发展的重点。随着城市化进程的加速，越来越多的城市开始规划和建设地铁系统，以缓解地面的交通压力。地下交通减小了地面的交通压力，克服了不利地理环境对交通的阻碍，提高了运输效率。地下物流系统能够减少地面交通拥堵和环境污染，特别是在港口区域，地下物流能显著提高货物运输效率。此外，地下停车场缓解了停车难的问题，优化了城市交通流。

（2）商业

地下商业街和购物中心为城市拓展了宝贵的商业空间，尤其在土地资源紧张的地区，不仅方便了居民购物，也促进了经济发展和就业。近年来，地下商业街逐渐从单一零售模式，向集购物、餐饮、休闲、娱乐、体验于一体的“五街合一”立体化商业格局转变。它们与地铁、公交等交通枢纽的结合越来越紧密，利用便捷的交通网络汇聚人流，同时通过营造独具特色的空间和舒适的环境，显著提升了自身的知名度和吸引力。随着技术的发展，地下商业街的智能化逐渐成为趋势，包括以节能为目的、适应大客流突变的智能运维，以安全为目标的火灾自动报警、自动灭火、智能疏散照明、防排烟等系统，全面保障了地下建筑的经济性和安全性。

（3）公共服务设施

地下空间也被用于建设公共服务设施，如图书馆、博物馆、社区中心等。这些设施丰富了市民的文化生活，提升了城市的文化品位。此类建筑需要具备大的空间视觉效果、安静的空间环境、适宜的空气温湿度等。

（4）防灾与安全

地下空间在城市防灾体系中也发挥着重要作用。在自然灾害和紧急情况下，地下防空洞、紧急避难所等为市民提供了安全的避难空间。此类建筑以应急功能为主，不过度追求环境的舒适性，主要保证基本的照明、水源及新鲜空气量，对智能化要求低。

（5）环境保护

地下环境的利用有助于减少城市热岛效应，通过地下空间的冷却作用，可以降低城市的气温。此外，地下空间的绿化也可以提高城市的绿化率。

（6）能源利用

地下空间的恒温特性使其成为储存能源的理想场所。例如，地热能的利用、冷热能源的储存等，都可以有效提高能源利用效率。

（7）居住空间

在一些土地资源极为紧张的城市，地下空间也被用于居住。虽然这不是主流，但在特殊情况下，地下住宅也可以作为一个发展方向。

（8）技术创新与研究

地下空间的开发利用推动了相关技术的发展，如地下工程、地质勘探、环境控制等。这些技术的进步，又进一步促进了地下空间的高效利用。

（9）城市形象与品牌

独特的地下空间设计可以成为城市的标志性建筑，提升城市形象。例如，一些城市的地铁站，以其独特的设计而闻名，成为城市的文化符号。

地下环境的功能多样化，不仅提供了额外的空间资源，还有助于解决交通、商业、公共服务、防灾、环境保护等多方面的问题。未来，随着社会的发展和技术的进步，地下空间的潜力将进一步得到挖掘，成为推动城市可持续发展的重要力量。

第 2 章 国外地下空间发展历程及代表性工程

2.1 交通设施地下空间

（1）发展概况

国外交通设施地下空间的发展可以追溯到 19 世纪中叶。在这个时期，一些经济发达的城市开始利用地下空间来缓解交通拥堵问题。例如，英国伦敦于 1863 年建成了世界上第一条地铁——伦敦地铁，如图 2-1 所示。作为工业革命的中心，伦敦当时工厂集中、城市化进程迅猛，吸引大量产业工人聚集，城市地域有限，人口高度密集于市中心。马车、行人混杂通行，交通拥堵问题突出。在此背景下，地铁应运而生。

伦敦地铁运行，大大减轻了城市居民对地面交通的依赖。地铁线路的延伸使得城市各个区域更加紧密相连，进而促进了商业、文化和社会的交流。从 1863 年第一条地铁成功运营开始，尝到甜头的伦敦人就开始考虑修建第二条地铁。同年，英国工程师约翰·福勒（John Fowler）提出伦敦地铁建设应该从直线向环线发展。四年以后，伦敦环线地铁投入建设，1884 年完工。自从伦敦建成第一条地铁线以后，经过 100 多年的发展，伦敦地铁已建成规模庞大的地铁系统。

伦敦地铁的成功引来世界许多大城市的效仿，到第二次世界大战前的 1935 年，已有纽约、芝加哥、布达佩斯、巴黎、柏林、东京、大阪、莫斯科等 20 个城市修建了地铁，从 19 世纪下半叶到 20 世纪初，世界上几乎所有的特大城市都建设了自己的地铁。第二次世界大战以后，由于经济、科技的发展及城市化的快速推进，地铁建设进入了高速发展时期，据日本地铁协会统计，到 1999 年全世界已有 115 个城市建成地铁，运营里程超过 7000km，其中，运营里程超过 100km 的城市就有 13 个之多。

图 2-1　1863 年伦敦地铁

（2）代表性工程

日本东京地铁系统以其准时、快速、舒适的特点而闻名。日本各大城市的地铁系统相互独立，同时也与其他交通系统（如新干线和巴士）相互连接，为城市居民和游客提供了便捷的交通服务。截至 2020 年 7 月，东京都地铁网运营线路达到 13 条，总里程 304.1km，车站 285 座。

日本各大城市大都拥有自己的地铁系统。其中，东京、大阪、名古屋、京都、横滨等城市的地铁系统覆盖了广大的城市区域和周边地区，形成了庞大而密集的交通网络。在东京，不论到哪儿，都可以乘坐地铁，并且很多地铁的出口都是与地下街以及地面建筑连成一体的，很多上班的人不用出地面就可以直接到达自己的办公室。

日本城市布局的典型特点是以公共交通为导向的综合开发模式（TOD 模式），公共交通的规划建设使城市空间的布局和土地开发利用更加合理。日本的 TOD 模式有其自身的显著特点，即同一主体同时承担轨道建设和城市开发，使公共交通与用地实现无缝衔接。通过公共交通换乘枢纽合理的用地和交通组织，将轨道交通、公共汽车、出租车、自行车的停车站和商业布局高效地组织在一起，提高了交通的组织水平，缩短了乘客的换乘时间，促进了周边的物业开发，形成了许多大型地下综合体。其中，较为著名的是位于山手环线上的新宿、涩谷、池袋、东京、上野 5 个大型综合交通枢纽站。日本地铁系统以其先进的技术、高效的运营和便捷的服务而备受赞誉，为日本城市居民和游客提供了可靠的交通选择。

早期隧道施工工法相对笨拙，大多采用明挖法施工，需从地面向下挖掘巨大的壕沟，用砖加固沟壁，再搭成拱形的砖顶，最后将土回填，在地面上重建道路和房屋，耗资巨大。随后，爆破法、盾构法逐渐崭露头角。1970 年日本铁道建设公司在京叶线隧道工程中，采用了直径 7.29m 泥水盾构机进行施工，施工长度为 1712m，成为当时直径最大的泥水盾构机施工案例。盾构法的出现大大提高了地铁施工的效率和质量，成为地铁施工的主流方法，也极大地促进了地铁隧道的建设速度。

此外，许多国外地铁系统融入了城市文化元素。例如，在地铁站点和车辆内部设计中融入当地的历史、艺术和文化元素，并与城市商业、办公相融合，使地铁成为展示城市文化的重要窗口。这种设计不仅能够提升乘客的乘车体验，还能够增强城市的凝聚力和吸引力。

2.2 市政公用设施地下空间

1）发展概况

国外市政公用设施的发展历程是一个多层面、多领域的过程，涉及城市规划、基础设施建设、环境保护、社会服务等多个方面。

19 世纪初，工业革命带来了城市化的加速进程，城市规模扩大，需要更完善的基础设施，水泵、污水处理设施等开始兴建，自来水系统开始在一些大城市建立，供水管网逐渐覆盖城市。北欧的地质条件良好，是地下空间开发利用的典型地区，特别是在市政设施和公共建筑方面。例如，挪威的大型地下供水系统，在岩层中建造大型储水库，既节省了土地利用，又减少了水的蒸发损失；瑞典的大型地下排水系统，无论在数量上还是处理率上，在当时世界上处于领先地位。

进入 20 世纪，随着城市化的推进，一些城市开始有组织地规划住宅、商业区、工业区等，并开始考虑土地用途、交通流动等因素。城市规划开始成为一门科学。电力、交通、自来水等基础设施得到进一步发展，一些城市开始尝试在新建区域引入综合管廊的概念，将不同功能的管线集成在同一条通道内，提高了城市地下空间的利用率。日本地下共同沟就是这一时期的典型代表。

20 世纪末和 21 世纪初，一些发达国家开始在城市更新和新建区域大规模应用综合管廊。这包括亚洲的一些新兴城市和欧洲的一些城市，它们将不同的管线整合到同一地下空间（综合管廊），减少了地面工程的频繁挖掘。

如今，综合管廊仍在持续发展，世界各国仍在努力推动这一领域的创新和进步。随着技术的不断进步和城市化进程的推进，综合管廊仍将是城市基础设施规划中备受关注的一个领域。

2）代表性工程

（1）挪威地下供水系统——在岩层中筑造大型储水库

挪威良好的地质、地形条件有利于水电业的发展。虽然有不同类型的岩石，但主要以前寒武纪和古生代的高变质岩居多，从工程角度来看，这些岩石均属于典型的硬岩。20 世纪 50 年代以前，挪威修建的水电站大多在地面，包括引水钢管都布置在地面。随着地下工程施工技术的发展，50 年代以后修建的水电站均在地下。挪威地下供水系统发展如图 2-2 所示。

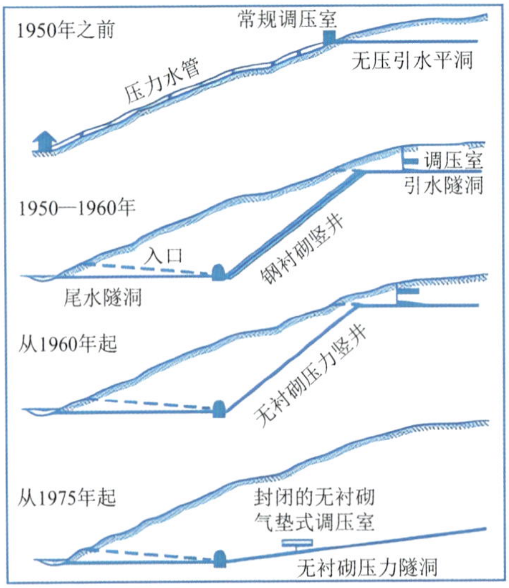

图 2-2　挪威地下供水系统发展

基于良好的地质条件，挪威大部分引水隧洞中只有 2%～4%的部分采用了混凝土或喷射混凝土衬砌，且只有在少数必要情况下才会增加此类衬砌施作长度。在仅有的几例需要增加衬砌的隧洞中，衬砌施作长度最多占到隧洞总长度的 40%～60%。这不仅归功于挪威良好的隧道施工条件，更是该国独特支护理念的具体体现，即允许在引水隧洞或尾水隧洞运行期间有局部落石的情况出现。其理由是，只要落石数量在合理的可接受范围之内，且只要引水隧洞下游端设有集石坑，不会影响地下水电站的正常运行，也不会降低隧洞内流速 1m/s 的正常过水能力。但是，必须采用重型支护或混凝土衬砌，以防止发生隧洞严重塌方或局部堵塞的情况。

挪威利用岩石条件好的特点，将水电站厂房和整个引水、尾水系统布置于地下，可以充分利用岩体的承载能力，大大节省了钢材、混凝土等建筑材料。同时，受气候影响小，可以延长施工期。

（2）瑞典排水系统——污水处理厂全建在地下

瑞典在地下污水处理方面有着悠久历史和丰富的经验，把污水处理厂建在地下的目的是应对寒冬地区冬季厚重的积雪、浓雾及结冰问题。瑞典的大型地下排水系统，无论在数量上还是处理效率上，在世界上均处于领先地位。

瑞典排水系统的污水处理厂全部建在地下，仅斯德哥尔摩市就有大型排水隧道 200km，拥有大型污水处理厂 6 座。在其他一些中小城市，也都有地下污水处理厂，这些污水处理厂不但保护了城市水源，还使波罗的海免遭污染。亨里克斯达尔（Henriksdal）污水处理厂是典型代表，它以超大建设规模与高效处理能力而闻名，占地约 30 万 m^2，隧道长度约 18km，主体设施都位于岩洞之中，地面设施包括控制中心大楼、机械处理设备、污泥池、污泥浓缩池上部、消化池、煤气柜、集气装置和储气库。Henriksdal 污水处理厂于 1941 年建成，初始设计规模为 $15 \times 10^4 m^3/d$，是世界上第一座投产的地下污水处理厂，已成功运行 80 多年。该厂于 1953 年扩建，不仅增大了处理规模，还改进了污水处理设施，从传统的沉淀池扩展到包括化学和生物处理，扩建后处理规模达到 $39 \times 10^4 m^3/d$。

（3）日本综合管廊

日本综合管廊的建设始于 1926 年，为便于推广，该综合管廊被形象地称为“共同沟”。东京关东大地震后，鉴于地震灾害原因以试验方式设置了三处共同沟：九段阪综合管廊、滨町金座街综合管廊、东京后火车站至昭和街综合管廊。1955 年后，日本由于汽车交通快速发展，积极新辟道路，埋设各类管线，为避免经常挖掘道路影响交通，1959 年再度于东京都淀桥旧净水厂及新宿西口设置共同沟，并颁布了《关于建设共同沟的特别措施法》，以规范和推动共同沟的建设。迄今为止，日本已成为世界上综合管廊建设速度最快、规划最完整、法规最完善、技术最先进的国家。

在日本，根据用途及设置场所的不同，共同沟分为干线共同沟、支线共同沟和电线共同沟三类，如图 2-3 所示。干线共同沟不直接为沿线的用户提供服务，主要敷设在机动车道下面，收容通信、电力、燃气、上下水道等干线管道，是支撑城市生活的大动脉，通常说的共同沟即是指干线共同沟。支线共同沟直接服务于沿线的普通家庭及办公大楼等用户，一般敷设在人行道下面。电线共同沟主要敷设在人行道下面，收容电力线及电话线等。干线共同沟及支线共同沟敷设在东京、大阪等大城市的干线道路及新城区，主要为减少道路的反复开挖，缓解由于道路开挖施工引起的道路拥堵，确保防灾空间。电线共同沟主要解决架空线对城市景观的影响，美化城市景观，在日本全国各地得到普及和推广应用。

地下综合管廊系统不仅解决了日本城市交通拥堵问题，还极大地方便了电力、通信、燃气、供排水等市政设施的维护和检修。此外，该系统还具有一定的防震减灾作用。1995 年日本阪神大地震期间，神户市内大量房屋倒塌、道路被毁，但当地的地下综合管廊却大多完好无损，大大降低了震后救灾和重建工作的难度。

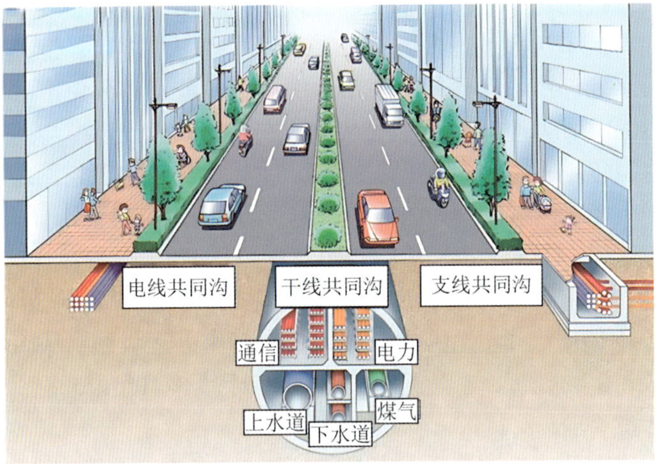

图 2-3　日本综合管廊敷设示意图

（4）捷克共和国布拉格地区综合管廊

布拉格作为捷克共和国首都，城市面积 496km^2，拥有 128 万余人口。1969 年布拉格建成了第一条综合管廊——霍特科瓦街管廊，1971 年，于城北住宅区修建了长约 5.7km 的综合管廊，惠及 2 万余人。经过 50 多年的发展，布拉格建设了总长度约 90km 的地下综合管廊。

1991 年，布拉格政府发布了“布拉格中心城区综合管廊系统发展总体规划”。该综合管廊规划定义了两种管廊：主干管廊、支线（分配）管廊。主干管廊［图 2-4 a）］用来将管线等传送到中心区域并分配至各个节点，一般坐落于基岩上，埋深 25～30m，其路由不会与其他基础设施冲突。支线管廊［图 2-4 b）］包括与这些干线相连的分配路线，把管线连接到地面楼宇建筑，为特定消费者和各个地面建筑物提供电、气、水等，埋深 6～11m。

支线管廊一般采用传统的明挖法施工。入廊管线主要包括供水、燃气、电力、通信（金属、光纤）、供热和供冷等管线。每个区域均设置有多个控制站，管廊的监控系统可以对电能计量、电源插座、门及逃生通道、防火阀、通风系统、照明、报警、管件、廊内运输设备、管廊周围人流动向等进行监控。

系统的进出口通常采用竖井、直通地面或通过第 3 类管廊到地面，目的是把两类管廊的通行与逃生路线结合起来，如图 2-5 所示。管廊地上通风设施的建筑设计与周边环境协调一致。

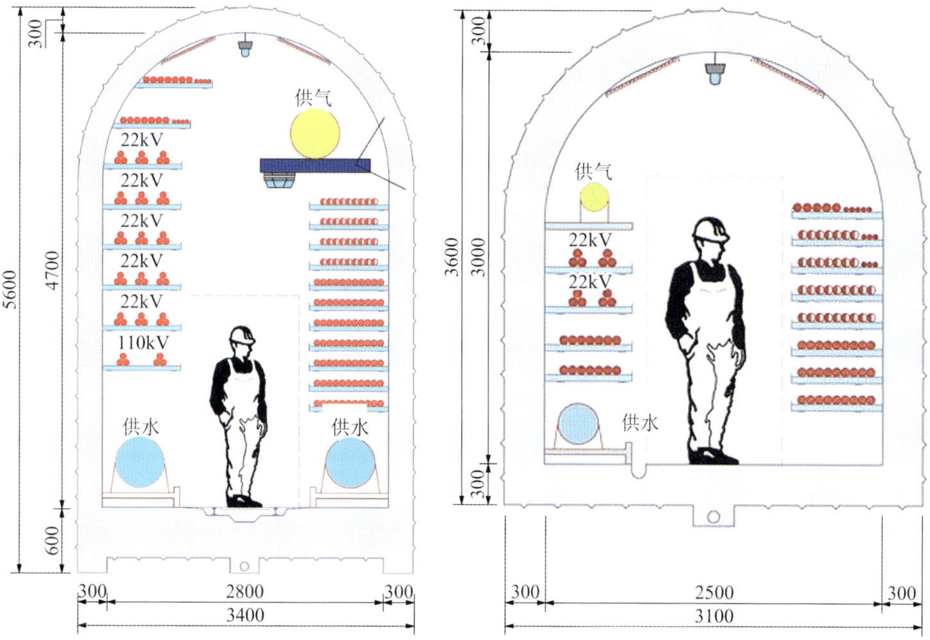

a) 主干管廊　　b) 支线管廊

图 2-4　布拉格地区综合管廊示意图（尺寸单位：mm）

a) 管廊进出口　　b) 地上通风设施

图 2-5　布拉格地区综合管廊出入口

综上所述，早期的地下市政设施发展受限于技术水平和城市规划，主要采用的是单独管道形式。这意味着每种市政服务系统管线，如电力、通信、给水、排水等，都拥有各自独立的地下管道系统。这种形式的优点在于简单直接、易于管理和维护，但在城市规模逐渐扩大、人口不断增加的背景下，其弊端也逐渐显现。首先，单独管道形式占用了大量的地下空间，这对于土地资源紧缺的城市来说是一个巨大的挑战。其次，由于各种管道系统分散，不仅增加了管理和维护的难度，也容易导致管线之间的交叉干扰和安全隐患。此外，随着城市的发展，新的市政设施不断加入，传统的单独管道形式难以适应这种变化。

因此，随着技术的进步和城市规划理念的更新，现在大多数城市开始采用综合管廊的形式来建设地下市政设施。

综合管廊的形式具有许多优势。首先它极大地节约了地下空间资源，提高了土地利用效率。通过将各种管线集中在一个管廊内，减少了单独管道所占用的空间，为城市的可持续发展提供了有力保障。其次，综合管廊便于管理和维护。由于各种管线都集中在一个管廊内，可以方便地进行检修、更换和扩容等操作，大大提高了管理效率和维护质量。此外，综合管廊还具有较好的防灾性能。在地震、洪水等自然灾害发生时，综合管廊能够有效地保护管线免受损害，确保市政设施的正常运行。

与此同时，国外市政设施地下空间的建造通常与城市空间相融合，形成一体化的城市空间体系。通过地下空间的开发利用，有效缓解了城市土地紧张、交通拥堵等状况，提高了城市的整体运行效率和品质。国外市政设施还注重地下空间与地面空间的衔接和过渡，确保人们在地面和地下之间的顺畅换行。

2.3 公共服务设施地下空间

1）发展概况

公共服务设施的地下空间发展历程漫长而丰富。随着城市人口和用地压力的增加，地下空间的利用成为解决城市发展难题的重要手段之一。20 世纪中期，一些发达城市开始大规模建设地下公共服务设施。这些设施的建设主要是为了满足城市日益增长的人口和交通需求，同时也是为了提高城市土地利用效率和改善城市环境。在这个时期，城市轨道交通快速发展，地下空间开始引入交通枢纽的概念。商业、文化、交通、办公等依托于地铁枢纽多种功能整合，形成一个相互联系、相互支持的地下空间系统。此时地下综合体的概念开始形成。

20 世纪末到 21 世纪初，随着科技的不断进步和城市化进程的加速，地下公共服务设施的建设也得到了进一步推进。在这个时期，地下综合体的概念得到了广泛的应用和实践，如日本东京火车站八重洲地下街、加拿大蒙特利尔地下城、法国列•阿莱地区地下综合体等。同时，一些城市开始尝试在地下空间引入文化设施，如奥地利的列奥尼格（Liaunig）地下美术馆、罗马尼亚的萨利纳•图尔达盐矿博物馆等。这一举措不仅创造了更多的文化体验空间，解决了城市地面的用地压力，也对文化和历史遗产提供了有效保护。

2）代表性工程

（1）日本八重洲地下综合体

日本是亚洲最早开发和建设地铁的国家。早在 1930 年，东京就建成了日本第一条地下街——东京上野车站地下街。随着日本地铁的大规模建设，城市地下街也广泛分布于日本的各大城市。至今，地下街已从单纯的商业性质演变为包括交通、商业及其他设施等多种城市功能共同组成的相互依存的地下综合体。

东京火车站八重洲地下街一期建成于 1964 年，二期建成于 1973 年，由 7 家民营公司联合建设和经营管理。地下街占地面积 3.5 万 m^2，总建筑面积达 6.4 万 m^2，商业空间面积 1.84 万 m^2，其走向与城市道路相吻合。南北向长约 440m，东西向长约 300m，是日本至今为止规模最大的地下商业街（图 2-6）。地下街负一层以商业街为主，主要为出租店铺，包括服饰、餐饮、休闲服务、电器、酒吧和咖啡屋等；地下街的负二层为停车场；地下街的负三层主要为设备用房、辅助用房等。东京火车站前有干线公路，交通十分拥挤，每天有大量行人穿越道路。八重洲地下街的建设成功将地铁车站与火车站相连接，构建了地下安全步行体系，从而实现了“人车分流”，有效缓解了地区周边交通矛盾，确保了行人安全。并且，地下街将整个地下空间与东京火车站及周围 16 栋大楼连通，与地面商业交叉定位，相辅相成，最大限度地实现了地下空间资源的开发利用。

图 2-6　八重洲地下街内部

（2）加拿大蒙特利尔地下城

蒙特利尔位于加拿大东部，地处约北纬 45°地带，年均温差达 60℃，冬季时间长，降雪量大。由于蒙特利尔特殊的地理和气候环境，促成了该城市对地下空间的大规模开发和利用。据调查，蒙特利尔地面没有快速高效的交通路线，54%的人口出行选择地下城。

蒙特利尔地下城是加拿大第二大城市蒙特利尔市威尔玛丽区的一个地下商业街，长达 17km，总面积达 400 万 m^2，步行街全长 30km，是世界上规模最大且最繁华的地下“大都会”。

蒙特利尔地下城于 1962 年开始建设，在贝聿铭设计的维尔·玛丽广场下形成了第一个室内人行道网络，目的是与街道以南的中央火车站相连；1966 年随着蒙特利尔市地铁的开工建设，蒙特利尔地下城进入快速发展阶段，功能日趋完善。到 20 世纪 70 年代，蒙特利尔地下城形成多功能综合地下建筑；80 年代形成地下商业走廊；90 年代，大型办公大楼、商业大楼与地铁实现连接。经过近 50 年的持续建设，蒙特利尔地下城已形成约 400 万 m^2 的规模，如图 2-7 所示。

图 2-7　蒙特利尔地下城

蒙特利尔地下城与 62 座综合地面建筑、10000 个室内公共停车位和 155 个地下过街道相连通。同时，连接 10 个地铁站、2 个火车站、2 个长途汽车站、1700 个公司、45 家银行、7 个主要宾馆、2 所大学、2 家商场、1600 个商店、200 家餐馆、34 所影剧院、多个住宅小区和奥林匹克体育场，每天人流量在 50 万左右。该系统最深处上下可分五层，邮局、超市、酒吧、咖啡屋、美容美发店一应俱全，应有尽有。该地下城按照市场需求，设置有餐饮、零售、超市、游艺、电话、银行、彩票、服务、剧院、广告等功能设施。此外，保安、防灾、无障碍、标识等配套系统也十分完善。

对于蒙特利尔而言，地下城减轻了主要交叉路段汽车与行人的交通冲突，减少了停车需求和空气污染。通过地下城和商业街之间的积极合作，商业区的核心一直保留着它的活力，使之成为一个繁忙且充满生机的地区。如今，地下城已经成为蒙特利尔城市旅游观光的最主要区域。

（3）法国莱阿拉地下综合体

法国巴黎的莱阿拉（Les Halles）地下综合体位于巴黎旧城的最核心部位，西南侧有卢浮宫，东南方的城岛上有巴黎圣母院，东部是 1977 年建成的蓬皮杜艺术和文化中心，南临塞纳河。在旧城中心区实行现代化改造面临着两方面的问题：一是要保护历史遗迹和文化脉络，二是要满足现代大城市对城市中心区的一般功能需求。

莱阿拉曾是一个农副产品贸易中心，新的改造规划方案实行了立体化再开发，在强调保留传统建筑艺术特色的同时，开辟了一个以绿地为主的步行广场。其改造拆除了原有的交通拥挤、不适应城市发展与历史风貌保护的食品交易市场，开辟了一个以休闲功能为主的步行广场，同时将道路、快速铁路、地铁、停车等多种交通功能安排在广场的地下空间中。

莱阿拉整体竖向空间共分为八层，其中地上三层、地下五层，每层功能各有不同。地上三层以城市公共服务功能为主，如商业中心、音乐学院、图书馆、文化中心等。地下五层以综合交通功能为主，如快速铁路、城市地铁、地下道路、地下停车和地下步行功能空间，其中负二层和负五层是主要的交通设施层，负三层与负四层承担线路间的换乘功能。地面广场以游憩休闲等公共活动功能为主。

随着土地资源的日益紧张，巴黎老城人口过度集中、能源短缺、用地紧张、交通拥堵、环境恶化等问题越来越严重，制约了老城的进一步发展。为缓解交通压力、改善出行条件、提升生活品质，莱阿拉充分利用地下空间的负四层、负五层，激活老城功能，将其变为巴黎最著名的商业文化中心、地铁枢纽、最具活力的城市社会空间载体。其地下空间的利用深度平均为 22.2m，有地铁穿过的公共交通空间总深度达到 27m 左右。这一开发解决了历史保护与现代化改造协调统一的难题，改变了原来的单一功能，充分发挥了地下空间在扩大空间容量、提高环境质量方面的积极作用。

（4）奥地利 Liaunig 地下美术馆

奥地利 Liaunig 地下美术馆位于奥地利南部纽豪斯地区，美术馆造型如同嵌入在山坡上的巨型雕塑（图 2-8），然而露出的部分只是美术馆的冰山一角，建筑的 90%都位于地下。这座美术馆是收藏家 Herbert W. Liaunig 的私人博物馆，珍藏了丰富的当代艺术家绘画、雕塑作品和非洲原始部落的金制品文物。它仅在每年 5 月 1 日至 10 月 30 日开放，在冬季与春季闭馆。

借助灵活调控的屏幕、灯光和顶部自然光，参观者在其中不会有身置于地下的压抑感。圆形的雕塑展厅，顶端引入圆窗自然光源，让在地下的建筑也能明亮通透，这样的圆拱顶设计让人联想到意大利罗马的万神殿。在地下部分无自然采光的空间，用来存放图像和黄金藏品。独特的建筑设计，提升了人们在空间中观赏艺术品的体验。

图 2-8　奥地利 Liaunig 美术馆

（5）萨利纳图尔达盐矿博物馆

萨利纳图尔达盐矿位于罗马尼亚克鲁日县的图尔达，最早于 1075 年被提及，从中世纪至 20 世纪早期便一直出产食盐，是当地一处历史悠久的古老盐矿，从 1992 年开始，这座盐矿成为风靡全球的盐雾疗法中心和炙手可热的旅游目的地。

罗马尼亚的萨利纳图尔达盐矿位于地下 100 多米，其主矿坑长约 80m、宽 50m，如今这里已经被改造为世界最大的盐矿主题博物馆。盐矿坑底是个深 8m 的地底湖，围绕着一个湖中岛，如图 2-9 所示。湖中岛上有盐矿井、游乐运动设施，如摩天轮、撞球场、水疗中心等。地底湖供游客划小船，湖上有桥梁供散步参观。

盐矿内并非全部都被改建为博物馆及游乐设施，从盐矿的另一个角度来看，其每个内部空间只是这个大矿坑的部分而已，萨利纳图尔达盐矿博物馆还保留了很多以前挖盐矿的真实坑道，以及原本的建筑结构，是一座介绍盐矿发展历史的博物馆，自然和人文互相结合，可以观赏那些运输盐矿的机器和设备，承载着厚重的历史文化。

图 2-9　萨利纳图尔达盐矿博物馆

通过前述案例可以发现，国外地下公共服务设施不仅仅是一系列功能性建筑的集合，更是商业、历史与文化的交会点，它们共同构成了一个立体而富有活力的城市地下空间网络。在这一网络中，基于地铁线路而发展的地下商业综合体尤为引人注目，成为国外公共服务设施地下空间发展的一大独特亮点。

此外，国外地下公共服务设施的建设还充分考虑了城市历史与文化的传承。许多城市在地下空间中保留了历史遗迹、文化古迹等，通过设计独特的展示区、博物馆等，让人们能够近距离地感受到城市的历史与文化。这些设施不仅为城市增添了独特的魅力，也为市民和游客提供了宝贵的学习和交流机会。

它们不仅为市民提供了便捷、高效、舒适的公共服务，还为城市的发展注入了新的活力。同时，这些设施也充分体现了国外在地下空间规划、设计、建设方面的先进理念和技术水平，为其他城市提供了宝贵的借鉴和启示。

2.4 物流设施地下空间

1）发展概况

随着城市人口和商业活动的增长，地面交通拥堵和城市物流效率成为日益严重的问题。为解决城市化带来的交通压力，地下物流系统应运而生。国外一些城市开始建设地下货运管道系统，通过地下网络输送货物。早在 1810 年，英国专家学者们就开始研究如何通过风力管道来输送信件等小型商品；美国则采用风力舱体管道（Pneumatic Capsule Pipeline，PCP）运输的方式，对城市中产生的固体垃圾和工业废料进行输送。

20 世纪 90 年代，国际上开始对地下物流系统进行深入研究。1983 年发表了关于地下物流领域的首篇英文论文，此后，论文数量增长缓慢，2007—2014 年年均论文量大约维持在 4 篇。2017 年和 2018 年，年均论文数量增至 10 篇，这表明地下物流领域的研究成果在国际上逐渐受到重视，并开始成为研究热点。

2）代表性工程

（1）英国地下物流系统

地下物流在英国的应用由来已久。自 1928 年以来，在伦敦街道下面 20m 处就运行着一个邮件轨道系统，连接着帕丁顿（Paddington）和东伦敦二区白教堂（Whitechapel）之间 10.5km 双轨线上的 9 个州，每天处理 400 多万件的信件和包裹。另外，在伦敦还有一条新的自动化地下管道运输系统，管道的内径为 2.74m，每辆运输车的运输能力为 1t，行驶速度可达 60km/h。

英国在管道运输系统方面的研究开始得最早，也是迄今为止应用得较好的国家之一，其主要特点是充分利用管道系统，包括风力舱体管道运输系统（PCP）和水力舱体管道运输系统（HCP）。其优点在于，能够合理利用现有管道运输的动力能量，在此之上搭配其他货物运输，从而将现有资源合理地整合利用起来；其局限性在于，一般的气力和水力管道管廊的横截面积不是很大，因此一般只运送体积不大的货物，且水力管道系统需要在目的地将货物与液体分离开来，程序相对要复杂一些。

（2）瑞士地下自动化货运系统

瑞士的地下自动化货运系统（Cargo Sous Terrain，CST），是一套建立在地下的完全自主零排放运输系统，于 2017 年提出，计划于 2031 年开始运行（图 2-10）。该系统旨在连接瑞士地下和地上的主要运输枢纽，是一个复杂的物流系统。它使用微型全自动车辆作为货运舱，这些车辆在直径约为 6m 的隧道中行驶，这些隧道中敷设了感应充电轨道。这些货运舱可以携带一两个托盘，用于运输各种货物，特殊的垂直升降机可将货运舱从地上作业切换到地下隧道，再将货物运送到目的地枢纽。这种无人驾驶的货运舱通过感应轨道提供动力，并能自行装卸。

CST 一期工程投资超 35 亿瑞士法郎，预计 2030 年完成尼德比普至苏黎世 70km 隧道。隧道内，无人驾驶车辆以 30km/h 速度行驶，顶部输送机以 60km/h 运送小包裹。沿途枢纽将与其他运输工具连接，实现物流网络整合。

瑞士洛桑市采用了地下自动化货运系统，该方案快速、高效、无排放且可持续，旨在全面取代传统的载货汽车和火车运输。它能够大幅减轻铁路和公路货物运输的负担，并且能够提高运输效率和质量。

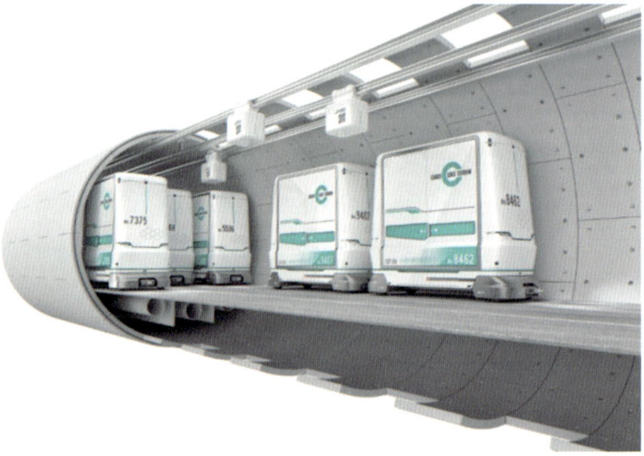

图 2-10　瑞士 CST 地下物流项目概念图

（3）德国 CargoCap 地下货运系统

1998 年，德国开始建造一条 80km 长的科隆到多特蒙德的地下货运系统，使用三相交流电动机，管道直径 2m，速度可达 36km/h，被认为是现代地下物流系统的雏形，为德国在地下物流领域的研究和实践奠定了基础。

现在，CargoCap 地下货运系统是德国计划建设的地下小宗货物物流系统之一，其运输工具设计遵循空气动力学原理，底部有滚轮承重，侧面有导向轮控制方向，辅助装置安装在管道内。该系统采用自动运行的智能运输装备按照自动规划的路线运输货物，实现高效、节能的物流配送，如图 2-11 所示。

图 2-11　德国 CargoCap 地下货运系统

德国 CargoCap 地下货运系统凭借其先进的技术特点和显著的优越性，在地下物流领域具有广阔的应用前景。该系统不仅能够提高城市货物运输的效率和质量，还能够有效缓解交通拥堵，减少环境污染，为城市的可持续发展做出积极贡献。

以上案例表明，国际上部分国家对地下物流系统已有广泛的研究基础，而且部分物流系统在实际应用中也取得了显著成果。但当前国际上大部分国家对于地下物流系统的探索仍处于蓬勃发展的初级阶段，在全球范围内，许多国家和地区都在积极地进行地下物流系统的概念验证和深入研究，这些研究旨在深入剖析地下物流系统的潜在优势、技术挑战以及经济影响。在一些先进的城市或国家，已经开展小规模的地下物流试点项目，这些试点项目不仅是为了验证地下物流系统的技术和运营可行性，更是为了积累实践经验，为未来更大规模的部署奠定基础。在这些试点项目中，研究人员和工程师们正在积极测试各种先进的技术，如自动驾驶、地下管道系统、智能控制等，以确保地下物流系统能够高效、安全地运行。

随着技术的不断发展和地下物流系统的逐渐成熟，地下物流系统将会得到更广泛的应用和推广。它不仅能够解决城市交通拥堵和环境污染的问题，还能够提高物流效率，降低运输成本。在未来，地下物流系统有望成为城市交通和物流领域的重要组成部分，为城市的可持续发展做出重要贡献。同时，随着技术的不断进步和成本的逐渐降低，地下物流系统的应用前景也将更加广阔。

2.5 仓储设施地下空间

1）发展概况

地下仓储设施的发展历程可以追溯到古代。当时，人们为了储存粮食以应对自然灾害和食物短缺，开始建造简单的储藏设施，如地下窖穴和简易仓库。这些早期的地下仓储设施通常由泥土或石头建成，用于储存粮食和其他易腐烂的食物。到了中世纪，随着商业的发展和城市的兴起，国外开始建造一些具有代表性的地下仓储设施，如罗马帝国的地下粮仓和英国的地下酒窖。这些地下仓储设施开始采用较为先进的储藏方法和技术，以储存食品和药品等高价值物品。

到了近代，随着工业革命和科技的发展，国外地下仓储设施得到了进一步的发展和完善，地下仓储设施开始采用现代化的建筑材料和技术，如钢筋混凝土和机械制冷技术等，以实现更加高效、安全、可靠地储存。同时，一些国家也开始建立国家级的地下仓储设施，用于储存战略物资和重要资产，地下仓储设施通常由政府或军队管理，具有高度的机密性和安保性。

在现代，国外地下仓储设施已经实现了高度智能化和自动化，地下仓储设施配备了智能传感器、监控系统和自动控制系统等设备，能够实现对储存物品的实时监控和自动管理。同时，一些地下仓储设施也开始采用新能源和新材料等先进技术，以实现更加环保、高效的储存。

2）代表性工程

（1）新加坡裕廊岛地下储油库

新加坡是一个面积只有 710km^2、人口 518 万的城市岛国，资源匮乏，空间有限。为促进新加坡裕廊岛的发展，新加坡政府将西南部 7 个小岛连成一片，合成一个统一的裕廊岛，如图 2-12 所示。如今那里已经拥有 100 多家能源与化工企业，是新加坡的石化产业基地。虽然新加坡本身不出产原油，但是裕廊岛的发展却成功孕育出一个高效且具有高度竞争力的世界级石化工业群，助力新加坡跻身全球第三大石油贸易中心和炼油中心。

裕廊岛地下储油库耗资 9.5 亿新元，位于海床以下距离地表 150m 处，共有 5 个单独的储油空间，可以储存 147 万 m^3 的液态碳氢化合物，容积相当于 600 个奥林匹克游泳池，如图 2-13 所示。

由于裕廊岛地下储油库的建设完全是利用地下空间，节省了近 60hm^2 的土地，而腾出的空间足以建设 6 个石化工厂，大大节省了土地资源，是新加坡开发地下空间、优化土地利用的一项突破性工程。

图 2-12　新加坡裕廊岛俯瞰图

图 2-13　裕廊岩石洞穴——地下储油库

（2）美国盐穴储气库

全球地下储气库主要分布于北美和欧洲等地区，2022 年北美地下储气库数量占比达到 66.13%，欧洲占比约为 22.57%，如图 2-14 所示。

美国天然气储气库建设最早可以追溯到 1960 年，根据公开资料显示，截至 2018 年，美国在运储气库有 223 座，以枯竭油气藏储气库为主体，工作气量为 780 亿 m^3。美国近 50%的储气库集中在东北部地区（天然气主要消费区），其余的储气库分布在得克萨斯州和路易斯安那州，特别是盐穴储气库主要集中分布在岩层盐穴地质条件发育良好的得克萨斯州。

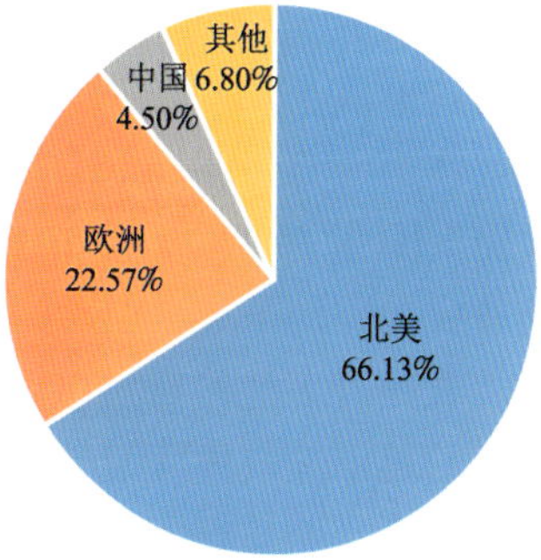

图 2-14　2022 年全球地下储气库区域分布图

在地理分布上，美国地下储气库与其国内的天然气资源、管网设施和生产消费特点高度吻合，形成了三大地下储气库密集区，即东北部五大湖沿岸、中北部和墨西哥湾地区。东北部地区的天然气资源相对较少，但人口较多，属于传统工业区，天然气消费量较大，同时又属于温带季风气候，调峰需求量较大；中北部地区则是美国燃气电厂较集中的地区，同时聚集了大量工业设施，但自身天然气资源禀赋有限，为保障地区供气稳定需要地下储气库；墨西哥湾沿岸地区地下储气库较多，源于其巨大的能源需求和得天独厚的地质条件——丰富的盐岩层为建盐穴型地下储气库提供了理想场所。

相较于其他几种常见的天然气储存方式，如液化天然气（LNG），高压储气罐及高压储气管道，地下储气库具有库容量大、储气成本低以及安全可靠等诸多优点，在全世界范围内被广泛应用。目前，按照储存空间的类型，地下储气库大致可分为枯竭油气藏型、含水层型、盐穴型及废弃矿井型，如图 2-15 所示。

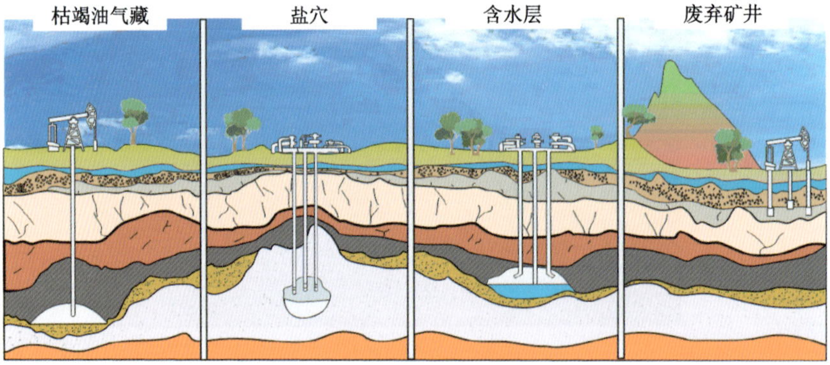

图 2-15　地下储气库类型示意图

盐穴储气库是一种常见的地下天然气储存方式，这种储气方式通常利用地下的盐穴形成，通过在盐层中注入和储存压缩天然气，以满足季节性天然气需求波动或作为应急储备。美国在盐穴储气库的发展上处于领先地位。世界上第一座盐穴储气库于 1961 年在美国密歇根州建成，随后美国、加拿大、亚美尼亚等国家相继建成盐穴地下储气库。

美国许多地区都沉积有大面积的盐岩矿床，盐岩所具有的独特性能使其成为理想的地下储气库库址。美国的盐穴储气库规模巨大，分布广泛，尤其集中在得克萨斯州、路易斯安那州和密西西比州等地。这些盐穴储气库具有储气量大、储气成本低、安全可靠等优点，不仅能满足季节性调峰需求，更是重要的天然气应急储备，可在自然灾害或紧急情况下保障供应。

总的来说，国外油气储库发展早、规模大。20 世纪初，欧美等地区的发达国家率先研究地下储气库，历经百余年技术沉淀，建库技术已比较成熟完备。不同国家由于其结构差异而存在不同特点，如欧洲储气库分布特点整体呈现“西欧多东欧少、北欧多南欧少”的局面。美国的天然气资源丰富且消费集中，近 50%的储气库都集中在东北部地区，即天然气的主要消费区，这种布局不仅有助于保障当地的天然气供应安全，也提高了储气库的使用效率。

此外各国储气库的储气方式也因地制宜，美国、俄罗斯等油气资源比较丰富的国家，主要利用枯竭油气田建设地下储气库；法国、德国等欧洲大陆国家，油气资源比较贫乏，利用含水岩层建立了规模巨大的地下储气库；在美国、欧洲地下盐层条件较好的地区，建设了大量的盐穴储气库。

这些案例展示了地下仓储设施在不同国家和地区的实际应用。但地下仓储设施的发展在各地仍然相对有限，随着城市化和土地资源的压力增大，未来可能会看到更多地下仓储设施。

2.6 人防设施地下空间

1）发展概况

国外对人民防空的定义包含多重综合职能，具体来说其首要任务就是在战争来临时针对空袭展开防护，核心目标是保护广大人民群众的生命安全，同时对留在城市内的物质资料进行保护，保存战争的实力，将战争对国民经济的打击和破坏降到最低。

英国是世界上最早大规模开发地下防护空间的国家之一。在第二次世界大战中，英国伦敦遭遇德军猛烈轰炸，伦敦市民依托地铁藏身，或者在自家地下室内掩蔽，有效保存了战争潜力。第二次世界大战之后以美国为首的西方国家以及日本不惜投入巨额资金建设民防工程，以期提高各自国家的设防能力。国外进行人防工程建设开发距今已有 150 余年的历史，目前全世界已有 100 多个国家开展此项工作。例如，在美国、加拿大、日本等国家和欧洲地区出现了相当数量的大型地下建筑，包括图书馆、会议中心、展览中心以及体育馆、音乐厅、大型实验室等。

2）代表性工程

（1）美国人防工程

美国作为世界上最大的发达国家，城市化水平很高，为缓解城市人口众多、车辆拥挤以及土地紧张的状况，将许多城市建设项目转向地下发展，出现了大量

“平战结合”的大型地下工程和设施。

资料显示，美国修建的人防工事可掩蔽人数占其全国总人口的 85%，其中 11 个城市约有 1100km 地铁形成交通网络，战时均能用作人口疏散通道及人员掩蔽工程。在人口密度最大的纽约市，地铁中长达 255km 的地下段可掩蔽 450 万人。美国的人防投资每年约 10 亿美元，已建成约 4140 个人防指挥所，城市中的建筑物基本都有防空地下室，其总面积达到 6.5 亿 m^2。

美国在防空工程的建设成就得益于国家的重视，特别是地下空间的开发利用具有十分重要的地位，受到政府、社会和公众的普遍关注。1950 年美国国会正式通过《联邦民防法案》，开始制定防空工程建设规划，并作为城市规划的组成部分，具体实施由地方政府负责。1956 年提出了一项全国性防核掩蔽部修建计划，1961 年推出一项长期的全国性防核指挥掩蔽部修建计划。20 世纪 70 年代，麦克姆、奥克兰、韦恩三个城市制定了平战两用工程十年规划，对多户住宅、寺院、政府机关、商业、工业、文娱场所、运输、农业、文化教育等场所，均规定了建造地下室的计划任务。20 世纪 80 年代，里根总统在任期间，制定了比较完整的七年民防计划（即有名的“D”计划），从而把两用工程建设推向高潮，据此计划，1974—1984 年，在全国城区新建掩蔽部 1000 万个，在郊区新建掩蔽部 400 万个。政府不仅制定规划、计划和政策，而且还负责监督实施，特别是为了实现城市防护和工业保护，还制定了若干配套法规，保证在城市建设、工业建设中符合民防要求。

（2）北欧人防工程

北欧的瑞典、芬兰、挪威等国家，在人防工程的开发方面具有一定的特色。

瑞典全国已建有地下人防工程约 6.6 万处，大致可容纳 700 万人，人防工程建造率达到 85%以上。瑞典人防工程可以为全国几乎所有的人口提供掩蔽空间。如斯德哥尔摩建成的“三防”斯德哥尔摩地下医院，总面积 4000m^2，战时能保护 3000 人或容纳 150 张床位，可同时发挥人防与紧急救援的双重功效。瑞典人防工程建设防御级别高、资金投入大，这与它们高度富裕的国情是息息相关的。目前，瑞典仍每年投入 5.5 亿瑞典克朗的资金来修建和管理国内所有的人防工程。

在芬兰，建筑规模达到 600m^2 后，建筑的所有者就必须在建筑内设置民防避难所。在现代，其更常见的形式是在平时也成为可以提供服务的地下防御避难所。实际上，现在设计这样的空间时，既会考虑平时的某种需求，也会同时兼顾非常时期防护的需要。这使得所有者能在有防护需求时通过快速改造等方式，经济合理地利用地下空间。例如，位于 Itakeskus 的地下游泳池（图 2-16）有地下两层，大厅是在固体岩石中开采出来的，如遇特殊情况，即可以转换为可容纳 3800 人的紧急避难所。

图 2-16　Itakeskus 地下游泳池

由于缺少适当的地面空间，挪威利用其天然岩洞特色，包括奥斯陆在内的大型城市建有多个岩洞型掩遮体，可有效保障居民的战时安全。1979 年，挪威在首都奥斯陆郊外 10km 处修建了 Holmlia 地下运动中心兼防空掩蔽所。该运动中心的主体为一个长 45m、宽 25m 的运动厅，包括一个可容纳 350 名观众的看台，在此可进行手球、排球、篮球等项目的运动；在另一条长 37m、宽 20m 的地下硐室内设有一个长 25m、宽 12.5m 的游泳池；同时设有运动员更衣室、淋浴室及蒸汽浴室，如图 2-17 所示，还有一条可供射击、儿童赛跑等体育运动的疏散通道。该工程于 1979 年 9 月开挖，1980 年 9 月竣工，它的独特设计使其成为可容纳 7000 人的防空避难所，即使核武器在外面附近爆炸也能起到防护作用。

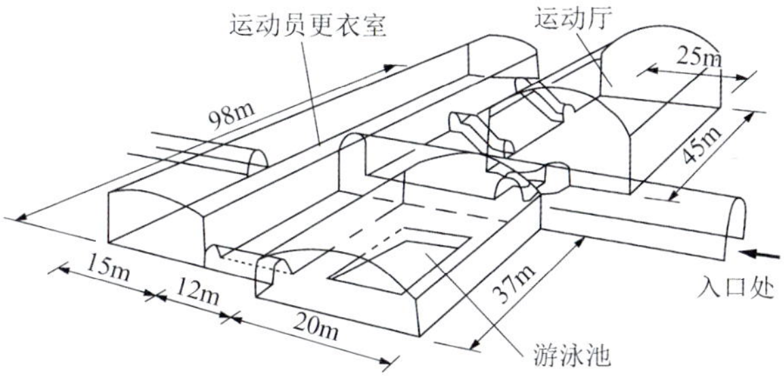

图 2-17　Holmlia 地下运动中心

（3）日本防卫省地下中央指挥工程

日本防卫省地下中央指挥工程作为日本城市地下空间开发利用的特殊组成部分，具有重要的军事战略意义。随着国际国内形势的发展变化，日本军事战略进行了一系列重大调整，其军事战略的主要内容是强调“威胁多元化”，建立全方位防御体系。其中，最为重要的就是地下指挥工程。日本的地下指挥工程主要包括日本防卫省市谷基地地下中央指挥所和日本陆上部队司令部办公大楼的地下指挥所。其中，日本陆上部队司令部办公大楼的地下指挥所于 2018 年投入使用。而日本防卫省市谷基地地下中央指挥所，是目前日本国家和军队最高级别的地下中央指挥所，最具代表性。

日本防卫省市谷基地地下中央指挥所位于东京都新宿区市谷本村町市谷基地内的日本防卫省办公大楼内，1984 年和 2000 年曾两次交付使用，实现了指挥工程建设的现代化。它采用了现今世界上先进的防护技术和通信设施，在布局上统为一体，在联络上内外畅通，可有效防御核武器和常规武器袭击，实现有条不紊的指挥控制和快速准确的信息传递。其中，日本防卫省市谷基地于 2000 年 5 月 8 日启用，基地内办公大楼设施先进、自动化程度高，是日本的“防卫中枢”，也是日本防卫省重要的国防基础设施。市谷基地内不仅驻有日本防卫省的省内各个部局，还驻有统合幕僚监部、陆上幕僚监部、海上幕僚监部和航空幕僚监部等。同时，市谷基地内设地空导弹发射阵地，主要任务在市谷地区基地受袭后开展弹道导弹防御。

据资料，日本防卫省市谷基地的办公区占地面积约 23hm^2，主要由 A、B、C、D、E 等建筑和仪仗广场组成，如图 2-18 所示。其中：A 栋为主楼，高耸居中，俯瞰四周；B 栋为通信楼，楼顶设有高 220m 的通信天线塔，塔上部外形呈“五重塔”形式，上面布满朝向不同方向的碟形天线；C 栋位于 A 栋和 B 栋之间，主要是情报部门，与 B 栋形成“T”字形结构。

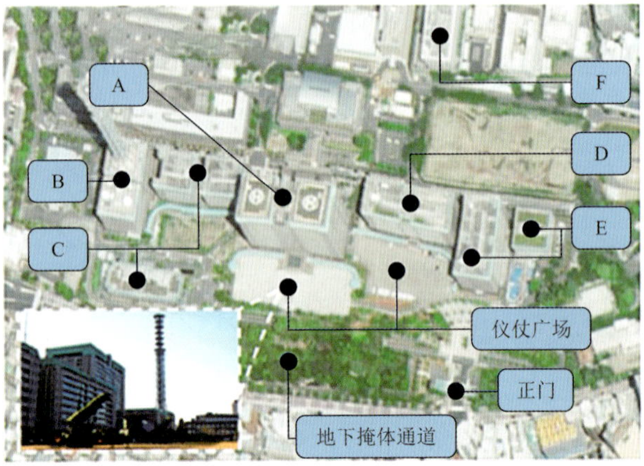

图 2-18　日本防卫省市谷基地办公区空间关系示意图

日本防卫省市谷基地地下中央指挥所位于 A 栋楼和仪仗广场地下，主要负责跟踪监控日本国内及周边军事安全动向、部队日常战备情况，处理日自卫队及社会的重大网络攻击、海外紧急突发事件、重大自然灾害和人为事故等。此外，地下中央指挥所内设中央指挥系统，与首相官邸、相关政府机关、驻日美军建有专线电话，配有传真系统等通联手段。当发生大规模灾害导致首相官邸危机管理中心受损无法使用时，日本首相将率国家紧急灾害对策本部及事务局转移至该指挥所，继续对政府各部门进行指挥调度。

尽管日本防卫省市谷基地地下中央指挥所的相关资料较少，但从地理位置关系上看，日本防卫省市谷基地地下中央指挥所距离地铁新宿线直线距离不到 200m，与日本最繁忙的枢纽新宿站道路距离约 3km，仅需数分钟便可经新宿站在地下实现多条地铁换乘，十分有利于指挥机构的转移。

通过以上案例的深入分析可以发现，国外人防设施建设具有以下特点：

① 建设时间早。

大多数国外人防工程始建于第二次世界大战之后。战后为了适应城市战时防空和平时防灾的需要，世界许多国家进行了大规模的民防工程建设，逐步形成了布局合理、系统配套与城市建设紧密结合的现代民防工程体系。

② 建设规模大。

据统计，美国建有民防指挥所约 4140 个，公共掩蔽部约 20.5 万个，全国 11 个城市建有地铁约 1000km，在紧急情况下可掩蔽全国 85%左右的人口。俄罗斯建有 1500 个民防指挥所，在城市和工业区构筑有 1.5 万～2 万个抗冲击波掩蔽部，在紧急情况下可掩蔽全国 70%以上的人口。以色列、瑞典、挪威、芬兰、丹麦等国家修建的掩蔽部可分别为 100%、85%、70%、68%和 50%以上的居民提供掩蔽。特别在挪威，有 65%的掩蔽部是岩洞型掩蔽部，具有较强的抗力。

③ 修建家庭掩蔽部是民防工程的主要途径。

国外认为，防空地下室是城市居民就地就近掩蔽的最佳场所，是民防与城市建设相结合的最佳形式，不但人们容易接受，而且效益也很明显。美国 1980 年增补的《民防法》规定："城市住宅必须建设地下掩蔽所"。英国《民防法》规定："新建楼房均应设计地下室"，从 1980 年开始执行家庭掩蔽部计划，"标准至少 $1m^2$/人，净空高度不低于 2.0m"。法国 1982 年通过的《民防法》规定："凡五万人口以上的城镇，都要修建防空地下室"。

国外人防设施地下空间开发具有早期规划与前瞻性、综合利用与多功能性、技术创新与安全性、法规完善与规范管理以及因地制宜与个性化等特点。这些特点使得国外在人防设施地下空间开发方面取得了显著的成果和经验，为其他国家和地区提供了有益的借鉴。

2.7　国外地下空间发展特点

通过对上述地下空间的发展历程及建设案例的分析可以看出，国外地下空间的发展主要具有以下特点。

1）起步早

18 世纪 60 年代，英国率先开始第一次工业革命，经济得到快速发展，蒸汽机车的发明，为人们的生产和生活带来了极大的便利。随后工业革命从英国向世界各地传播，美国、法国、俄国、德国、日本等国家也陆续开始工业革命，为地铁的创建与发展创造了良好的经济条件。截至 20 世纪初，英国伦敦，美国纽约、波士顿、费城，法国巴黎，德国柏林，西班牙马德里等城市都建设了自己的地铁。世界第一条地铁建设比中国早 100 余年。地下交通的发展也带动了其他地下结构建设水平的进步，地下管道、仓储、物流等也随之迅速发展。此外，地下人防设施建设也得到迅速发展。

第一次世界大战使得许多国家意识到人防工程的重要性。第二次世界大战爆发前的 20 年间，欧洲许多国家相继建立“城市防空体系”，人防工程得到迅速发展，有效保护了国家安全。以英国为例，在整个第二次世界大战中，英国本土落弹 7 万余吨，伤亡仅 14.7 万人，大大低于第一次世界大战中的人员伤亡。因此，第二次世界大战后许多国家将人防建设置于重要的战略地位。如今世界许多国家（如英国、法国、美国、日本等）的人防工程建设开发距今已有 100 余年的历史，已经具备较高的建设水平及完善的人防工程建设法律体系，其中的许多经验值得我们借鉴。

2）因地制宜

国外地下结构建设蓬勃发展遍地开花，不同地区地下结构呈现不同特点，多数地下结构都与其当地气候、地质、社会需求相适应。如为了适应漫长冬季降雪和寒冷气候，加拿大北部地区的大部分交通和商业设施都建设在地下，因而产生了世界上最大、最繁华的地下“大都会”——蒙特利尔地下城。北欧地区地层主要以硬质岩为主，为地下建设提供了得天独厚的条件。挪威、瑞典、芬兰等国家充分利用这一优势，将大量的建（构）筑物建设在地下，不仅避免了寒冷气候带来的种种不便，还因为良好的地质条件而大大降低了工程建设的成本。日本国土面积约 37.8 万 km^2，但其中大部分区域是山地，仅有少数的小规模山间盆地和平原可供人类居住和从事经济活动。因此，日本的大部分人口集中在城市地区，尤其是东京、大阪、名古屋三大都市圈，集中了全国约 50%的人口。面对如此庞大的人口密度和拥挤的城市环境，日本不得不向地下寻求发展空间。日本地铁及地下商业街的建设不仅缓解了城市的交通压力，还为居民提供了更多的生活便利。巴黎工业化起步早，老城区众多，为保护老城区的文化建筑，在中心城区的建设和更新过程中开发了许多规模不等的地下综合体项目。

3）综合化

随着社会经济的不断发展和城市规模不断扩大，许多国家在新城区的建设和旧城区的改造过程中建立了许多综合体，如日本东京八重洲地下综合体、涩谷地下综合体，巴黎莱阿拉（Les Halles）地下综合体、拉德芳斯（La Defense）地下综合体，加拿大蒙特利尔地下城等。这些综合体不仅成为城市的新地标，更以其独特的综合性设计，将地下空间与地面设施完美融合，为市民提供了便捷、舒适的生活体验。其综合性主要体现在：

（1）地下快速道路、地下高速铁路与火车站等交通枢纽结合。地下快速道路和高速铁路为乘客提供了更为快速、安全的交通方式，而它们与火车站等交通枢纽的连接，则进一步缩短了乘客的换乘时间。如东京八重洲地下综合体作为东京火车站的重要组成部分，其地下空间不仅包含商业设施，还连接了高速铁路、地铁等交通线路。这种结合大大提高了车站的运客能力，为乘客提供了便捷的换乘体验。

（2）地上空间与地下商业及地下轨道交通结合。一方面地下道路与铁路相互穿插建设为地面及地下商业吸引客流，另一方面地铁的建设为地面及地下商业提供了便捷的交通条件。如加拿大蒙特利尔地下城，其地下通道连接市中心 80%的办公楼和 35%的商业设施，它与蒙特利尔的地铁系统紧密相连，为市民提供了全天候的购物、休闲和娱乐空间。地上与地下商业及地下轨道交通紧密相连，形成了一个庞大的地下商业网络，不仅为乘客提供了更加丰富的购物和休闲选择，同时也带来了更多的经济效益，为城市的经济发展注入了新的活力。

（3）地下建筑与历史文化结合。这种结合不仅可以为当地旅游业的发展提供新的机遇，吸引更多的游客前来参观和体验，也使当地历史文化得到广泛而有效的宣传。或将地下建筑与历史文化相结合，避免因城市发展而对这些文化遗产造成的破坏。例如，巴黎的卢浮宫地下扩建工程就是一个成功的案例。该工程在保护卢浮宫原有建筑的同时，通过地下扩建的方式增加了展览面积和游客接待能力，使得卢浮宫成为世界上最受欢迎的博物馆之一。

4）以地铁建设为依托，各地区经济交流更加紧密，大大促进了城市发展

自 20 世纪初，世界各大城市经济蓬勃发展，地铁等交通设施的建设不仅改善了城市的交通状况，也为城市带来了极大的经济和社会效益。地铁作为城市重要的公共服务基础设施，其建设投入巨大，从世界各国地铁的发展历程来看，很难通过地铁自身的营运实现盈利，然而地铁经济依托地铁整合沿线站点的商铺、房地产、广告及土地等资源，形成了多元化的商业模式，借助地铁的核心枢纽功能，联合地铁周边商业圈，形成新的商业辐射区，产生巨大的经济效益。以东京地铁为例，其年度乘客量超过 30 亿人次，这直接为东京的运输业和相关服务业带来了巨大的收入。其次地铁沿线形成了多个繁华的商业区和居住区，如新宿、涩谷等，成了东京的经济中心；地铁站点周边的土地价格显著上涨，如新宿站周边的商业

用地价格远高于其他区域，房地产开发商也纷纷在地铁沿线开发新项目，提升了房地产市场的活力。巴黎地铁的建设也对城市发展和经济繁荣起到了重要作用。首先巴黎地铁改善了城市的交通状况,使得巴黎成为一个更加宜居和宜游的城市，其次地铁沿线形成了多个商业和文化中心，如香榭丽舍大街、卢浮宫等，这些区域吸引了大量的游客和投资，增强了城市的吸引力和竞争力。

总而言之，地铁的建设在多个方面对城市和区域经济产生了深远的影响，不仅改变了居民传统的出行习惯和购物观念，也将不同区域连成一个整体，加强了城市内部不同区域间的联系，促进了资源、信息和人才的流动。地铁的延伸也促进了城市与周边地区、甚至不同城市之间的经济联系，使这些地区的经济活力得到提升，促进了整个地区的经济升级。

纵观世界地下空间的发展，虽然许多国家的发展比我国早，规模也较大，但早期的发展存在一定的无序性，长时间的地下空间开发导致城市内部地下空间资源逐渐紧张，且早期开发的地下空间可能会给新地下空间的开发带来技术和结构上的限制。相比之下，我国地下空间的开发时间较晚，但这意味着我们有机会总结其他国家的经验，并制定出更为科学、合理的规划。通过合理规划和设计，充分利用广阔的地下空间资源，为未来的地下交通和其他基础设施建设提供更多可能性。

第3章
国内地下空间发展历程及代表性工程

3.1 交通设施地下空间

1）城市轨道交通

（1）发展概况

城市轨道交通作为有效缓解城市地表交通拥堵的重要举措，成为世界特大城市向地下索要空间的必然选择。我国城市轨道交通建设始于1965年开工的北京地铁1号线，该线于1969年建成并通车。但受当时社会经济环境于技术条件等多方面因素的限制，我国地铁建设未能得到持续发展，直到20世纪80年代，天津、上海和广州城市轨道交通相继通车，标志着我国城市轨道交通建设进入蓬勃发展阶段。2008年以后，我国城市轨道交通建设如火如荼，在2011—2017年间，共有18个城市轨道交通从无到有，新增总运营里程2696km，年均增长385km，标志着我国城市轨道交通建设进入飞速发展阶段。2017年，为防范地方政府债务与金融风险，内蒙古自治区的多条地铁项目被叫停，武汉、西安新一轮规划中的多条地铁也未获国家发展和改革委员会批复。2018年7月13日《国务院办公厅关于进一步加强城市轨道交通规划建设管理的意见》（国办发〔2018〕52号）（简称“新《意见》”）发布，新《意见》对地铁规划审批更加严格，其中，国内生产总值（GDP）和财政收入两项指标大幅提升，均是《国务院办公厅关于加强城市快速轨道交通建设管理的通知》（国办发〔2003〕81号）（已废止）中的3倍。自此，全国范围内城市轨道交通“建设热”开始被重新审视，进入有序推进阶段。

截至2022年底,中国大陆地区共有55个城市开通城市轨道交通运营线路308条，运营线路总长度10287.45km。其中，地铁运营线路8008.17km，占比77.84%；其他制式城市轨道交通运营线路2279.28km，占比22.16%。

“十四五”后三年城市轨道交通仍处于比较稳定的快速发展期，根据现有数据推算，“十四五”期末城市轨道交通运营线路规模将接近13000km，运营城市有望超过60座，城市轨道交通运营规模持续扩大，在公共交通中发挥的骨干作用更加明显。

（2）代表性工程

①北京地铁1号线

北京地铁1号线（含北京地铁八通线部分）全长52.7km，共设37座车站和3座车辆段，采用6节编组准B型列车，运营速度80km/h。北京地铁1号线是我国修建的第一条地铁，于1969年10月1日建成通车，其建成通车结束了中国没有地铁的历史（图3-1）。

图3-1　北京地铁1号线工程

②广州地铁18号线

广州地铁18号线全长61.3km（图3-2），其中首通段（万顷沙站至冼村站）全长58.3km，全部为地下线，设置9座地下车站、1个停车场、1个车辆段，采用8节编组市域D型列车。广州地铁18号线是中国国内第一条时速160km的全地下市域快线，于2021年9月28日开通运营首通段。

图3-2　广州地铁18号线工程

2）城市地下道路

（1）发展概况

我国城市地下道路建设发展历史较短。1966 年上海开始修建我国第一条地下道路——打浦路隧道，全长 2736m，于 1971 年 6 月建成通车。原为双向两车道（2010 年 2 月修建了打浦路复线，改造后的断面为双向四车道），限速 40km/h。此后一段时间内地下道路建设工程较少。

自 20 世纪 90 年代开始，我国城市道路交通拥堵现象逐步显现，快速增长的机动化发展水平与有限的地面道路空间形成了交通供需矛盾。在这一背景下，地下道路逐渐成为地下空间开发的一个重要研究对象。出于对缓解交通拥堵、提高路网连通性等因素的考虑，上海、北京、广州等城市开始修建地下道路。

近些年来，随着我国社会经济迅猛发展，城市化和机动化水平快速提高，许多城市的私家车呈爆发式增长，给城市交通带来了更大的挑战。为改善城市交通、打破江河、山岭等自然阻隔，拓展城市空间、带动江河两岸发展，越来越多的城市开始建设地下道路，城市地下道路也迎来了建设高峰。我国大陆地区已建成的地下道路断面形式以双向四车道、双向六车道居多，道路长度一般为 1～6km，设计速度一般为 40km/h、60km/h、80km/h。

我国早期建设的地下道路大多以地下立交和穿越城市障碍物的越江和山体隧道为主，如上海延安东路越江隧道、广州珠江隧道、南京玄武湖隧道、南昌青山湖隧道、苏州独墅湖隧道、武汉水果湖隧道和杭州西湖隧道等。随着城市地下空间开发和利用的不断发展，地下车库联络道已逐渐成为城市核心区立体交通的常用配置，在众多大城市中央商务区广泛应用，是地下道路系统的重要组成部分。例如，北京中关村地下环路、无锡锡东新城地下环路、武汉王家墩地下环路和苏州星港街地下环路等。近年来，在北京、上海等大城市中心区规划并建设了系统化和规模化的地下道路系统。

从当前城市地下道路的修建情况来看，地下道路呈现出向超长、超大断面发展的趋势。各大城市中的在建地下道路不断出现长里程、大断面的工程案例。由于建设需求的不同，地下道路的断面形状具有非标准化的特征，圆形、多圆和类矩形等断面形状在工程实践中得到广泛应用。随着车道数的增加，地下道路断面的扁平率有逐渐下降的趋势，导致隧道施工难度增大，同时也对支护结构提出了更高的要求。此外，为了适应城市的复杂地质条件并避免对邻近既有建筑产生不利影响，地下道路中多连拱、超小净距和分岔等多种结构形式不断出现，为地下道路的设计和施工带来了新的挑战。国家"十四五"发展规划中提出要"发展壮大城市群和都市圈，分类引导大中小城市发展方向和建设重点，形成疏密有致、分工协作、功能完善的城镇化空间格局”。地下道路作为城市基础设施中不可或缺的一部分，必将随着中国城镇化进程的提速和城市空间布局的完善，迎来新一波建设高潮。

（2）代表性工程

① 青岛胶州湾隧道

青岛胶州湾隧道是连接青岛市主城和辅城的重要通道，南接薛家岛，北连团岛，下穿胶州湾湾口海域。工程采用双向六车道城市主干路标准，设计速度为80km/h，隧道全长 7.8km，其中海底段隧道长 3.95km，采用矿山法施工。隧道海域段线间距约为 55m，主隧道间设置人行横通道和车行横通道，海域中间平行设置服务隧道。在青岛端距离洞口 2000m 处设有进出海底隧道的匝道。最小岩石覆盖层厚度约为 30m，隧道顶部最深处海水深达 42m，隧道拱顶最深点距海平面 78m，最大纵坡为 4%，如图 3-3 所示。

图 3-3　青岛胶州湾隧道

② 佛山市汾江路东平隧道

汾江路东平隧道位于佛山市南部，是连接佛山市老城区与新城区的重要通道，线路南北走向，下穿东平水道，如图 3-4 所示。工程采用双向六车道城市主干路标准，设计速度为 50km/h，路线全长约为 2410m。本工程与同址穿越东平水道的地铁广佛线二期工程合建，合建段地铁区间长度为 1416m。隧道过江段采用沉管法施工，沉管段总长为 445m，共分 4 节，沉管段采用三孔一管廊箱形钢筋混凝土结构。

图 3-4　佛山市汾江路东平隧道

③ 汕头海湾隧道

汕头海湾隧道是为了满足汕头市中心城区南北两岸交通需要，形成“四纵四横”干线公路网，在海湾大桥与礐石大桥间修建的一条重要通道，线路呈南北走向，下穿苏埃湾海域，如图 3-5 所示。工程采用双向六车道一级公路兼城市道路功能标准，设计速度为 60km/h，路线全长 6680m，其中隧道长 5300m。隧道过江段采用双洞盾构法方案，隧道外径 14.5m、内径 13.3m。本工程是中国第一条地处 8 度抗震设防烈度区的超大直径海底盾构隧道。

图 3-5　汕头海湾隧道效果图

④ 上海中央商务区井字形地下通道

上海中央商务区（CBD）位于城市的中心，黄浦江、苏州河的交汇处，西南面是历史悠久的金融贸易区外滩，东面为陆家嘴金融贸易区，北面为北外滩，三足鼎立，构成上海 CBD 黄金三角。但黄金三角被黄浦江、苏州河一分为三。为此，提出井字形通道方案（图 3-6）：分离过境交通，便捷到发交通，改善区域交通，从而在核心区构建一体化交通。井字形通道方案是适应 CBD 发展、加强区域内部交通联系、提高交通辐射能力的道路系统优化方案的总称。可概况为“4 + 2 + 2”方案。“4”指服务于核心区到发和过境交通的 4 条全封闭或半封闭通道，即东西通道、南北通道、外滩通道、北横通道；第一个“2”指联系核心区交通的两条越江隧道，即人民路隧道和新建路隧道；第二个“2”指梳理浦东、浦西两个核心区的交通组织以及相关的配套工程。

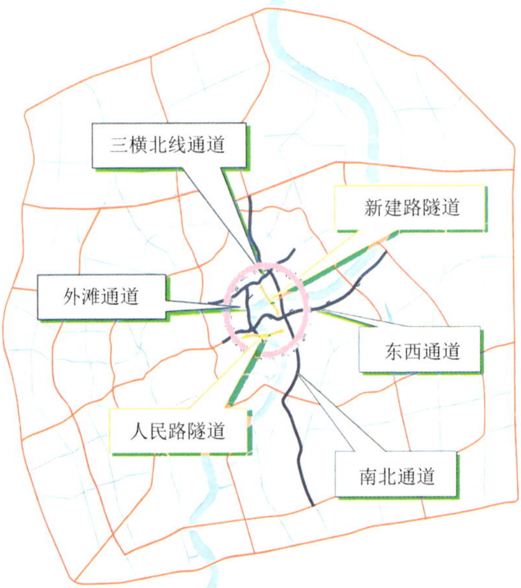

图 3-6　上海 CBD 井字形地下通道示意图

3）城市地下综合交通枢纽

（1）发展概况

随着社会经济发展，城市人口增多，城市规模扩大，交通往往成为城市可持续发展的重大挑战。为解决城市交通问题，近年来各地纷纷发展综合性交通枢纽。

综合交通枢纽是多种运输方式（两种以上）交通线路的交会点，是办理旅客和货物发送、中转和到达业务的有机综合体。多种换乘方式集中在一个小区域，可有效提高换乘效率。地下综合交通枢纽是综合交通枢纽中一种特殊的形式，各种功能主体都设计在地下，不占或占用少量的地表空间，具备综合交通枢纽相同的功能。

地下综合交通枢纽是地下空间发展的建筑综合体，具有以下优势。

① 缓解城市地面交通压力和用地紧张

地下交通枢纽可以分流地面人流和车流，减少人车对道路资源、活动空间的占用。合理设置出入口，可有效缓解地面交通压力、改善区域交通运行状况。地下空间又是社会发展潜在的自然资源，是城市集约式发展的必然趋势。功能主体处于地下，可节约城市空间，缓解城市拥挤、环境恶化等问题，实现城市可持续发展。

② 选址范围更广，不受地面建筑限制

地下综合交通枢纽只需设置一些必要的出入口，占用少量地面空间，在城市经济核心区、著名旅游景区、居民聚集区、大学城区、经济开发区等一些地面建筑比较密集且交通需求量大的地区，都可以考虑建设地下交通枢纽。

③ 对周边环境影响小，与环境较好融合

地下综合交通枢纽不会对地表建筑或风貌产生较大视觉影响，适合用在区域敏感地，如历史风貌保护区附近，解决景点旅客交通到达、发散问题，也可通过绿色规划等手段让交通枢纽融入保护区，不对整体风貌产生影响。

④ 连通周边地块

将周边地下空间与交通枢纽有机结合，建成以地下交通枢纽为核心的地下空间综合体，形成一个完整、通畅的地下空间体系。地上地下各种功能相互补充、相互依托，可最大程度地满足市民和旅客需求，形成一个具有复合功效的综合开发模式，从而连通整个周边地块发展。

（2）代表性工程

① 深圳福田综合交通枢纽

深圳福田综合交通枢纽是国内第一座地下综合交通枢纽，也是国内首个大型地下铁路车站，其定位是重要的城际铁路枢纽。位于福田区的核心商务区，周边有市级文化基础设施，总建筑面积约 14 万 m^2，是集高铁、城际铁路、轨道交通、公交以及出租等多种交通设施于一体的立体式综合交通枢纽。作为内地首座位于城市中心区的全地下火车站，它不仅方便广州、深圳、香港三地市民，而且进一步提高了深圳的竞争力，有利于珠三角地区经济快速发展。

深圳福田综合交通枢纽为地下三层结构，如图 3-7 所示。地下一层是广深港客运专线与地铁 2、3、11 号线共用的换乘大厅；地下二层与城市轨道交通接驳，连接 1、2、3、4 号线及穗莞深城际线等，同时，地下二层换乘大厅和周边写字楼、市民中心可实现无缝接驳；地下三层是广深港客运专线“D”字头动车组运行轨道。

图 3-7　深圳福田综合交通枢纽

深圳福田综合交通枢纽中一个突出特点是优化地下换乘指路标志。为让乘客在巨大的地下空间迅速找到方向，特地加大指示牌尺寸，用不同颜色区分各层。同时首创灯带引导客流，设置动态点追逐效果，引导乘客走到出入口；设置了一种换乘导向的连续导流带，无论乘客在什么时间、地点，都可看到换乘标识。

② 天津于家堡综合交通枢纽

天津于家堡综合交通枢纽是中国北方首座含城际车站的全地下综合性交通枢纽，如图 3-8 所示。枢纽位于于家堡金融区北端，总建筑面积 27 万 m^2，包括轨道交通线、社会车辆停车场、出租车停车场、公交中心等部分。该站还将建成世界最大的地下交通商业空间，涵盖了于家堡金融区内的 30 多栋楼宇地下空间。

图 3-8　天津于家堡综合交通枢纽

（图片源于顺凯信息. 天津于家堡交通枢纽工程）

枢纽地下一层为城际铁路与轨道交通 B2、Z1、Z4 线站厅层，设有可容纳百余辆出租车的停车场、城际铁路售票厅、候车厅、商业综合服务区等。该层客流最为集中，乘客可通过本层实现各种交通方式无缝换乘。地下二层为城际列车，轨道交通 B2、Z4 线站台和拥有约 500 个车位的社会车辆停车场。“日”字形地下人行环路串联了地下停车场，覆盖到于家堡金融区约八成以上地块，通过于家堡金融区的任何一栋主体写字楼地下均可直接抵达于家堡站。地下三层为于家堡金融区轨道交通线，拥有京津城际高铁车站和 4 条城市轨道线路，使得往来京津的乘客更加便利。

于家堡地下综合交通枢纽设计的最大特点在于：选址在金融区附近，并与金融区地下空间紧密结合，实现与金融区多栋楼宇、多块区域无缝换乘，甚至在金融区内就可实现城际交流，极大改善了金融区与周边地区和城市的交通。

3.2 市政公用设施地下空间

1）综合管廊

（1）发展概况

城市地下综合管廊，即在城市地下建造一个隧道空间，将电力、通信、燃气、供热、给排水等各种工程管线集于一体，设有专门的检修口、吊装口和监测系统，实施统一规划、统一设计、统一建设和管理，是保障城市运行的重要基础设施和“生命线”。

综合管廊分类：根据所收容的管线性质可分为干线综合管廊、支线综合管廊、缆线综合管廊、干支线混合综合管廊；按照断面形式可分为矩形综合管廊、圆形综合管廊、半圆形综合管廊及拱形综合管廊（目前规划建设以矩形断面居多）；根据舱位数量可分为单舱综合管廊、双舱综合管廊及多舱综合管廊。

相对于国外城市在 19 世纪即开始建设城市地下综合管廊而言，我国的地下综合管廊起步较晚，1958 年天安门广场铺设的一段地下综合管廊，当属我国城市地下综合管廊的首例。当时，鉴于北京天安门广场的特殊政治地位，为避免广场的反复开挖，建设了一条长约 1km、宽约 4.0m、高约 3.0m、埋深为 7～8m 的市政综合管廊，内部设置电力电缆、通信电缆及热力管道。

1990 年，天津市为解决新客站行人、管道与多股铁道穿越问题而修建了长 50m、宽 10m、高 5m 的隧道，同时拨出宽约 2.5m 廊体作为综合管廊，用于收容给排水、电力电缆等管线，属于我国建设地下综合管廊的探索性尝试。

1994 年末，国内第一条真正意义上的地下综合管廊——上海市浦东新区张杨路地下综合管廊修建完成。该管廊全长 11.125km，共一条干线、两条支线，该路段两条支线管廊均为宽 5.9m、高 2.6m，双孔长均为 5.6km，管廊内收容了煤气、通信、给水、电力 4 种城市管线，该管廊已成为我国第一条较具规模并已投入运营的综合管廊，为我国其他城市地下综合管廊的发展提供了可供借鉴的经验。

2003—2005 年，广州市在广州大学城建成了全长 17.4km，断面尺寸为 7m × 2.8m 的地下综合管廊，大学城干线三舱综合管廊建设在小谷围岛中环路中央隔离绿化带下，沿中环路呈环状结构布局，全长约 10km，支线管廊 80km。廊道内集中铺设了电力、通信、燃气、给排水等市政管线，是迄今为止国内已建成并投入运营、单条距离最长、规模最大的综合管廊。

伴随着城市经济建设的快速发展以及人口的膨胀，为适应城市发展和建设的需要，结合前一阶段的建设经验，北京、上海、济南、广州、武汉、无锡、深圳、杭州等多个城市着手规划并成功建成了地下综合管廊。2013 年以前，我国综合管廊建设法律法规不完善、技术规范不健全、投融资和运营模式不明确等问题，严重制约了综合管廊建设的快速发展，“规模小、管线种类少”是我国已建成综合管廊的普遍特征。

2015 年，住房和城乡建设部发布《城市综合管廊工程技术规范》（GB 50838—2015），详细规定了给水、排水、雨水、污水、再生水、电力、通信、燃气、热力等城市工程管线敷设与安装技术要求及标准，为我国综合管廊工程建设提供了技术支持。同年 8 月发布了《国务院办公厅关于推进城市地下综合管廊建设的指导意见》（国办发〔2015〕61 号），旨在到 2020 年建成一批具有国际先进水平的地下综合管廊，明显改善“马路拉链”问题，提升管线安全水平和防灾抗灾能力，逐步消除主要街道蜘蛛网式架空线，改善城市地面景观。此后，全国 36 个大中城市陆续启动地下综合管廊试点工程，综合管廊进入建设高峰期。

截至 2020 年底，我国地下综合管廊长度已达 7191.81km，城市地下综合管廊长度为 6150km（统计数字不含港澳台地区）。

（2）代表性工程

① 广州市中心城区地下综合管廊

广州市中心城区地下综合管廊（图 3-9）沿地铁 11 号线（市区环线）建设，穿越海珠、天河、白云、越秀、荔湾五个主城区，全长 45.7km，是目前国内在建规模最大、长度最长的地下综合管廊。建成后将连通 18 座规划变电站、11 座现状变电站、12 座自来水厂及加压泵站，可大幅提升老城区供电、供水的保障和应急能力，实现全市供电、供水的综合平衡和远程调度，形成中心城区地下管线“大动脉”，提升广州中心城区功能品质和城市环境质量，对保障城市“生命线”具有重大意义。

综合管廊最小埋深 4m、最大埋深 36.6m，采用盾构法施工，管廊内径 5.4m，管廊外径 6m，断面以中间为界限，分为上下两舱，上舱为电力舱，可以容纳 8 回 220kV 和 4 回 110kV 的高压电缆，下舱为综合舱，规划入廊管线为供水管和通信管，可以容纳 25 孔的通信电缆和 1 条 DN1600 的给水管。

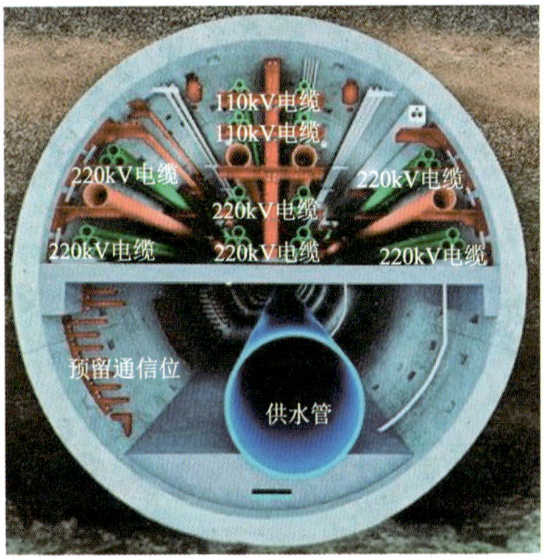

图 3-9 广州市中心城区地下综合管廊工程

② 横琴市政综合管廊

横琴市政综合管廊项目位于珠海市横琴新区，是在海漫滩软土区建成的国内首个成系统的综合管廊，整体呈“日”字形布置，分为一舱式、两舱式和三舱式 3 种，长达 33.4km，如图 3-10 所示。集电力、通信、燃气、供热、制冷、给排水、垃圾真空管等各种工程管线于一体，设置有远程监控、智能监测（温控及有害气体监测）、自动排水、智能通风消防等四大智能化系统。

图 3-10　横琴市政综合管廊工程

2）地下停车库

（1）发展概况

地下停车库又称为地下停车场，是设置于地表以下，或者室内地坪低于室外地坪高度超过该层净高 1/2 的车库。地下停车库的特点是：提供车位多，节约地面空间，经济效益显著；布局受地面条件限制较小，即使在地面空间不足的情况下，仍能在合理服务半径内有效满足停车需求；有效解决机动车停车难的问题，能在社会、环境、防灾等方面发挥综合效益，安全、可靠、不影响城市交通；造价高、投资大，投资回收期长。

地下停车库按所停放车辆类型分为机动车库、非机动车库；按建造位置与地面建筑的关系分为单建式、附建式、混合式地下停车库；按使用性质与功能特点分为公共、配建、专用地下停车库；按停车方式分为自走式、机械式、全自动地下停车库。

我国地下停车场建设大致起步于 20 世纪 70 年代，当时主要以“备战”为指导方针建了一些专用车库，如湖北省建造了可停放 38 辆 5t 载货汽车的地下车库，总建筑面积 3861.9m^2。随着我国经济的快速发展，人民生活水平日渐提高，私人小汽车数量日益增加，停车需求不断膨胀和集中释放，城市停车困难也成为我国大城市发展的通病。目前，各大城市的地下停车库建设正在如火如荼地发展之中。

如：长沙都正街地下智能停车库可提供 427 个停车位，并采用“智能泊车、App 预约付费”等模式，实现了方便、快捷停车，该地下停车库深达 40m，也是目前世界上最深的地下智能停车库；河南濮阳市中医院公共停车场工程采用井筒式地下立体机械停车方式，地下建筑面积达 472.70m^2。

2021 年，国家发展和改革委院会等部门联合发布《关于推动城市停车设施发展的意见》(国办函〔2021〕46 号)，明确指出要充分利用地上地下空间建设停车设施，挖掘城市道路、广场、公园绿地以及公交场站、垃圾站等公共设施地下空间潜力，布局建设停车设施，鼓励建设多功能综合体。

目前，地下停车位与我国汽车保有量之间的比例与国际水平相差甚远。未来我国地下停车场建设的发展前景空间巨大。

(2) 代表性工程

① 广州市轨道交通工程配建停车场草暖公园地下汽车库

该工程原为广州地铁 5 号线草暖公园站盾构井，地铁施工完毕后便丧失功能，为满足停车需求，有效利用既有资源，将之改造成地下汽车库，如图 3-11 所示。草暖公园的盾构井规模为深 21.11m、宽 15m、长 22.7m，采用机械式停车方式，改造为地下机械式汽车库，泊车规模为 80 辆，其中，可以存放大型车 10 辆，其余为小轿车。

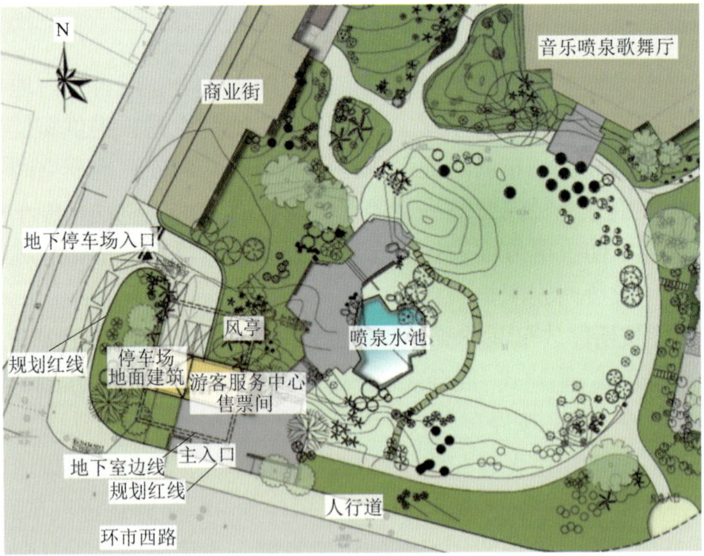

a) 俯视效果图

图 3-11

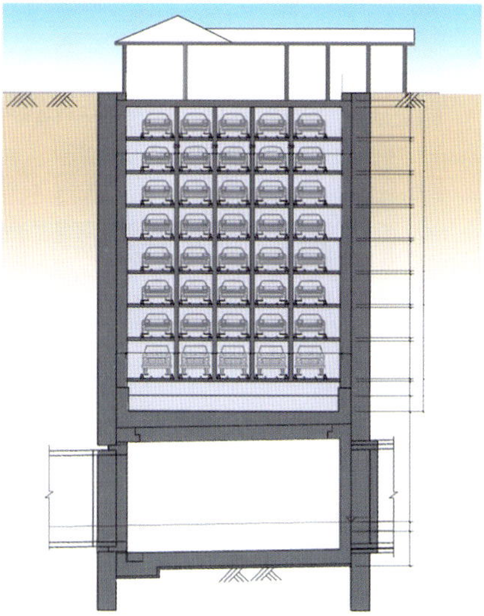

b) 立面布置图

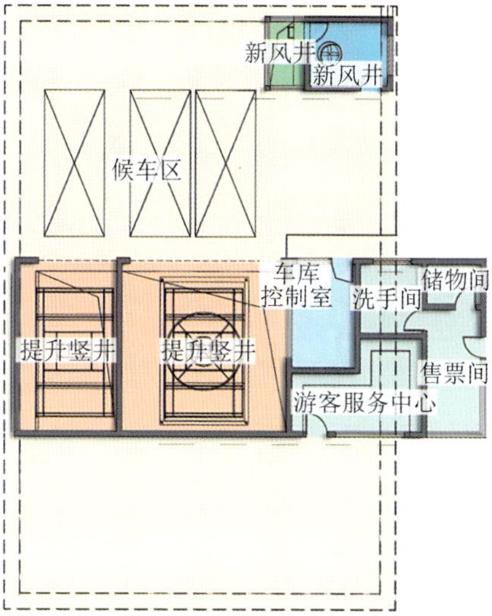

c) 平面布置图

图 3-11　广州草暖公园地下汽车库

车库为框架结构，地面建筑为砌体结构，地面建筑风格为欧式园林建筑，与既有的草暖公园建筑风格保持一致。采用机械通风，按照 6 次/h 的换气标准进行设计；火灾模式时，风机为排烟风机。车库消防采用水喷淋，并设置相应的给排水系统与市政管网相联通。电压采用 380V 的交流电，从市政电网接入。整个车库设置火灾自动报警系统和车库自动化控制系统，可以远程控制车库的正常运营。

车库地面管理用房与草暖公园的游客服务中心合建，为车库提供自动化控制服务，主要设置有火灾自动报警系统和车库监控系统的相关设备。

② 上海静安垂直掘进地下智慧车库

该工程在规划待建绿地地下空间建设两座智慧停车库，设置停车位 304 个，是上海首个垂直掘进（盾构）地下智慧车库工程，如图 3-12 所示。项目单个竖井开挖直径 23.02m，是目前世界上直径最大的竖井，开挖深度约 50.5m，净空 40.3m。

地上一层构筑物为智慧车库出入口及管理设施，占地面积 286m^2；地下一层为设备层；地下二层及以下为地下停车设备层。采用 19 层钢结构设计，利用 PCS 型垂直升降立体机械停车，运用托盘式停车搬运技术和手机 App 预约 AGV 自动存取车搬运设备，单车平均存取车时间为 90s，是集设备、操作、监控、维保、管理智能化于一体的现代化智慧车库。

图 3-12　上海静安垂直掘进地下智慧车库

3.3 公共服务设施地下空间

1）发展概况

（1）起步阶段（20 世纪 80 年代初至 90 年代末）

在这一阶段，随着改革开放和城市化进程的启动，地下空间的开发利用逐渐受到关注。此时的地下空间开发利用主要集中在基础设施方面，如地铁、地下排水等。地下商业设施开始起步，主要以地下商场和地下商业街的形式出现，为市民提供了新的购物场所。

（2）快速发展阶段（2000—2010 年）

2000 年至 2010 年，随着城市化的加速和土地资源的日益紧张，地下空间的开发利用进入快速发展阶段。地下商业设施数量迅速增加，规模也不断扩大。同时，地下行政办公设施、地下文化旅游设施、地下教育科研设施、地下体育设施和地下医疗卫生设施等也开始出现，并逐渐得到完善。这些地下公共服务设施为城市的可持续发展提供了有力支持。

（3）多元化、综合化发展阶段（2010 年至今）

随着城市居民对生活品质要求的提升和技术的不断进步，地下空间的开发利用进入了多元化、综合化发展的新阶段。地下公共服务设施不仅数量持续增加，而且功能更加多样化，涵盖了商业、办公、文化、教育、体育和医疗等多个领域。此外，地下空间的设计也更加人性化、智能化，为市民提供了更加便捷、舒适的服务体验。

（4）未来发展趋势

展望未来，随着城市化进程的持续推进和技术的不断创新，国内公共服务设施地下空间的发展将呈现更加多元化、智能化的趋势。同时，绿色环保和人性化设计将成为地下空间开发的重要考虑因素，为市民提供更加高品质、高效率的服务体验。

2）代表性工程

（1）地下商业设施：武汉光谷广场

① 工程介绍

武汉光谷广场位于湖北省武汉市东湖新技术开发区，是集购物、餐饮、娱乐、商务和交通于一体的地下综合空间，如图 3-13 所示。作为武汉地区最大的地铁换乘站点之一，光谷广场地下空间通过地铁 2 号线、11 号线等多条地铁线路的交会，形成了一个便捷的交通枢纽。除了地铁站点，光谷广场地下还设有大型商业综合体、停车场、公共卫生间等设施，为市民和游客提供了全方位的公共服务。

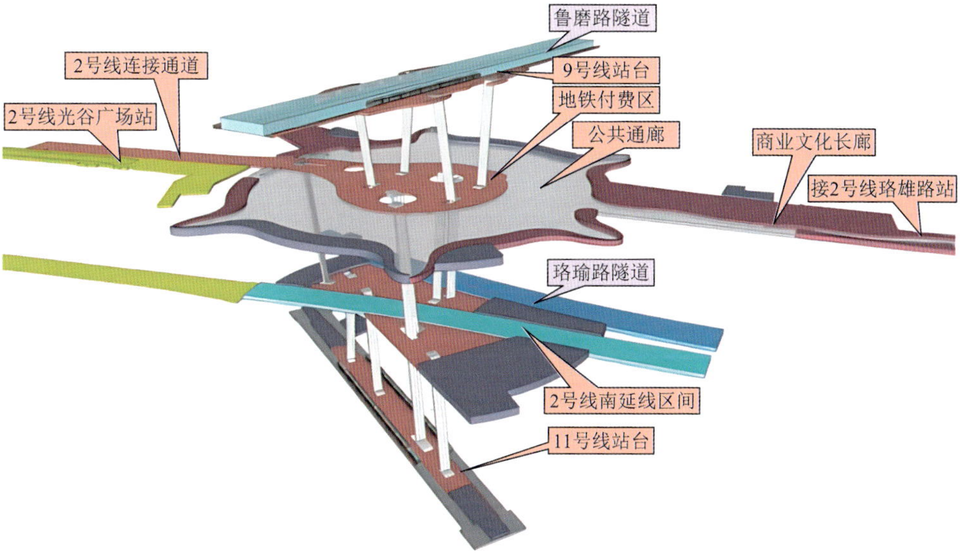

图 3-13　光谷广场综合体地下空间布局示意图

② 特点

a. 交通便捷性：光谷广场地下空间作为交通枢纽，实现了地铁、公交、出租车等多种交通方式的无缝对接，大大提升了市民的出行效率。

b. 商业综合性：地下商业综合体汇聚了众多知名品牌和特色商家，满足了市民的购物和消费需求。同时，多样化的餐饮和娱乐设施也为市民提供了丰富的休闲选择。

c. 人性化设计：光谷广场地下空间在规划设计中充分考虑了市民的需求，通过合理的空间布局和流线型设计，为市民提供了舒适、便捷的购物环境。

d. 智能化管理：地下空间引入了智能化管理系统，包括智能导览、智能停车、智能安防等功能，提高了商业运营的效率和便利性。

③ 技术进步性

a. 绿色节能技术：光谷广场地下空间在设计和施工过程中，注重绿色节能技术的应用。通过采用高效节能的建筑材料和设备（如 LED 照明、节能空调等），有效降低了能源消耗，符合绿色环保理念。

b. 智能化管理系统：光谷广场地下空间引入了先进的智能化管理系统，实现了对商业、交通等各方面的智能监控和调度，这不仅提高了运营效率，也为市民提供了更加便捷的服务体验。

c. 大数据分析应用：通过收集和分析市民的出行、购物等数据，能够更准确地了解市民的需求和偏好，从而优化商业布局和服务策略，提高市场竞争力。

总之，武汉光谷广场作为国内地下空间的代表性工程之一，展示了地下空间在交通、商业、智能化管理等方面的进步和创新。通过引入绿色节能技术、智能化管理系统和大数据分析应用等技术手段，为市民提供了更加便捷、舒适和高效的公共服务体验。这些技术进步和创新也为国内其他城市地下空间的发展提供了有益的借鉴和启示。

（2）地下行政办公设施：北京城市副中心行政办公区

① 工程介绍

北京城市副中心行政办公区位于北京市通州区，是国内首个大规模采用地下行政办公设施的区域，如图 3-14 所示。该区域占地面积约 $12km^2$，规划有众多政府机构和公共服务设施，旨在打造一个高效、便捷、绿色的行政办公中心。

地下行政办公区作为整个区域的核心部分，通过地下交通网络将各个办公建筑紧密相连。地下空间不仅包含政府机构的办公区域，还配备了会议、展览、接待等多种辅助功能，以满足行政办公的多样化需求。

② 特点

a. 立体交通体系：地下行政办公区通过地铁、地下通道、地下停车场等交通设施，形成了便捷的立体交通体系。这种交通体系不仅提高了出行效率，还有助于缓解地面交通压力。

b. 绿色生态理念：地下办公空间在设计和建设中充分考虑了绿色生态理念，通过引入自然光、绿化景观等手段，为办公人员创造了舒适、健康的工作环境。

c. 智能化管理系统：地下行政办公区引入了智能化管理系统，包括智能照明、智能安防、智能环境监控等功能，提高了办公效率和安全性。

d. 节能环保：地下办公空间采用了先进的节能技术和环保材料，如地源热泵、高效节能空调、绿色建筑材料等，有效降低了能源消耗和环境污染。

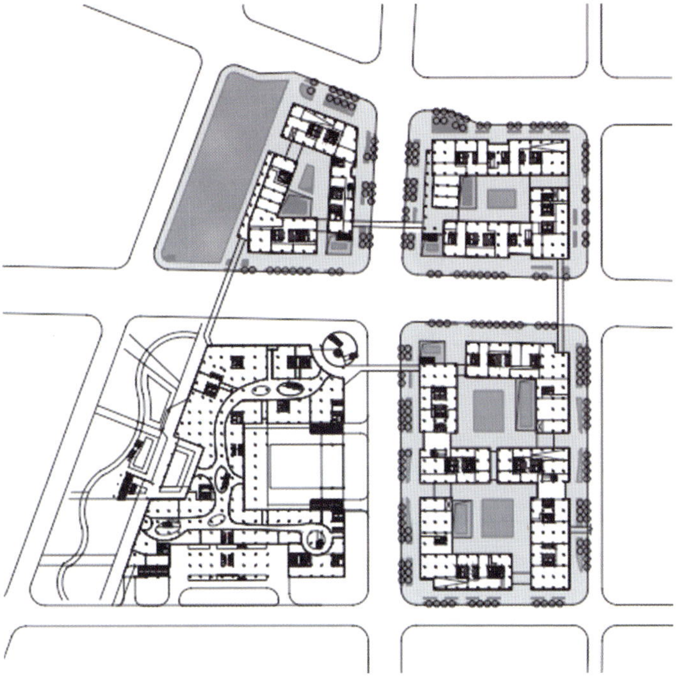

图 3-14　北京城市副中心行政办公区二期地下空间示意图

③ 技术进步性

a. 建筑信息模型（BIM）技术的应用：在地下行政办公区的规划、设计和施工过程中，广泛采用了 BIM 技术。这种技术可以实现信息共享和协同设计，提高设计质量和施工效率。

b. 绿色节能技术的创新：地下办公空间在节能技术方面进行了创新，如采用地源热泵技术，利用地下稳定的温度进行冷暖空调，实现了高效节能。

c. 智能化管理系统的升级：地下行政办公区的智能化管理系统不断进行升级和优化，通过引入新技术、新设备，提高了管理效率和服务质量。

总之，北京城市副中心行政办公区作为国内地下行政办公设施的代表性工程之一，展示了地下空间在立体交通、绿色生态、智能化管理和节能环保等方面的进步和创新。这些技术进步和创新为城市的可持续发展提供了有力支持，也为国内其他城市地下行政办公设施的建设提供了有益的借鉴和启示。

（3）地下文化旅游设施：滨海廊桥

① 工程介绍

滨海廊桥位于深圳市宝安区，北起宝安体育场，东联宝安图书馆，南至滨海文化公园，总长 1.5km，穿越核心商务区绿带，如图 3-15 所示。该工程借鉴了纽约高线公园城市景观的成功经验，通过构建连续立体元的地下、地面、地上为一体的公共空间，将滨海活力延伸至城区内。滨海廊桥于 2022 年 1 月 28 日正式落成启用，是全国首个地下、地面、地上三层立体复合城市绿廊，旨在打造湾区开放、共享、生态的城市公园，成为深圳城市新标杆。

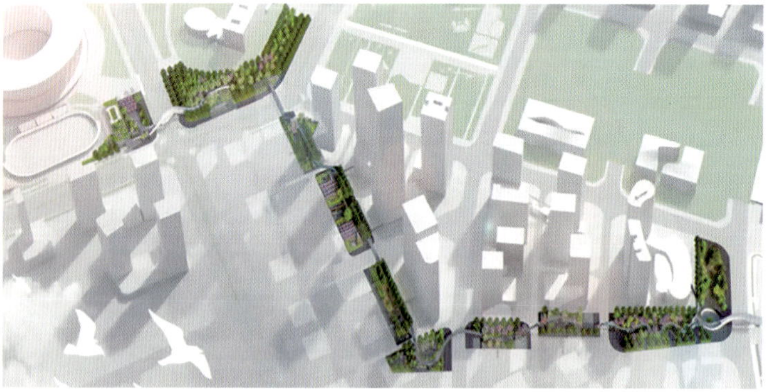

图 3-15 深圳滨海廊桥鸟瞰图

② 特点

a. 立体复合结构：滨海廊桥采用了地下、地面、地上三层立体复合结构，形成了独特的城市绿廊。这种结构不仅充分利用了城市空间，还为人们提供了多样化的活动场所。

b. 多功能融合：滨海廊桥集交通、生态、观景、艺术、运动、社交等城市功能于一体，满足了市民的多样化需求。人们可以在这里散步、观景、参与艺术活动或进行社交互动。

c. 丰富的景观节点：滨海廊桥拥有 13 处景观节点、9 大特色区段、8 种植物主题、8 个下沉广场和 6 段特色地下街道。这些景观节点各具特色，为市民提供了丰富的视觉和体验享受。

d. 智慧化服务：滨海廊桥附近配置了公共服务“智慧驿站”，采用模块化组合安装，具备移动化、便捷化、自处理、无邻避等特点。这些智慧驿站通过领先数字媒体、智能零售、共享空间等新经济载体为公厕赋能，实现公共服务创新提质。

③ 技术进步性

a. 地下空间开发：针对宝安中心区可建设用地少且航空限高的实际情况，滨海廊桥在全国率先探索开发地下空间，高标准编制中心区地下空间规划。这一举措在地下空间利用方面取得了新突破，为城市空间的拓展提供了新思路。

b. 生态与艺术的融合：滨海廊桥在设计上注重生态与艺术的融合，通过多样化的植物配置和艺术装置的设置，为人们营造了一个既生态又艺术的公共空间。这种融合不仅提升了城市形象，也丰富了市民的精神文化生活。

c. 智能化管理：滨海廊桥通过引入智慧化服务设施和管理系统，实现了对公共空间的智能化管理。这不仅提高了管理效率，也提升了市民的使用体验。同时，智慧化管理还有助于实现对公共资源的优化配置和合理利用。

总之，深圳滨海廊桥工程是一项具有创新性和突破性的城市绿廊项目，其立体复合结构、多功能融合、丰富的景观节点和智慧化服务等特点使其成为深圳城市新标杆。同时，该项目在地下空间开发、生态与艺术的融合以及智能化管理等方面也取得了显著的技术进步性。

（4）地下教育科研设施：锦屏大设施（中国锦屏地下实验室二期项目）

① 工程介绍

锦屏大设施位于中国四川省凉山彝族自治州锦屏山地下 2400m 处，总容积达 33 万 m^3。该工程最初作为锦屏水电站的附属项目，后来发展成为专注于基础物理研究的大型地下实验室。2014 年，锦屏地下实验室二期项目获批成为国家重大科技基础设施，其规划地下可用实验空间由最初的 4000m^3 大幅增加至 33 万 m^3。

② 特点

a. 极低辐射本底环境：锦屏大设施位于地下深处，其宇宙线通量仅为地表的一亿分之一，为科学研究实验提供了极为优越的极低辐射本底环境。

b. 多种优势条件：除了低辐射外，锦屏大设施还具备“极低环境氡析出”“超低宇宙线通量”“超洁净空间”等多种优势，为科学研究实验提供了理想的环境条件。

c. 一流的实验环境：作为开放共享的大科学装置，锦屏大设施的建设为暗物质、中微子、核天体物理等前沿课题提供了一流实验环境，也为深地岩体力学、深地医学等深地科学提供了绝佳研究平台。

③ 技术进步性

a. 防水抑氡工艺的研发：在锦屏大设施的建设过程中，首创了防水抑氡工艺，研发了低本底设备材料，最大限度地控制了实验室辐射本底，打造了“纯净”的实验环境。

b. 自主创新道路：面对深地环境对科研的优势和对工程建设的巨大挑战，各参建单位、高校、设计院通力合作，不断攻关，走出了一条自主创新道路，满足了地下实验室低本底辐射值、氡气抑制、表面洁净等严苛要求。

c. 综合实验设施的建设：锦屏大设施不仅是国内第一个极深地下实验室基础设施建设项目，也是国际上第一次大规模建设具有极低辐射本底极端条件的综合实验设施，为我国粒子物理和核物理领域的重大基础前沿物理问题研究提供了平台支撑。

总之，锦屏大设施工程以其独特的地理位置、优越的实验环境和创新的技术进步性能，在科研领域发挥着重要作用。

（5）地下体育设施：虹桥体育公园

① 工程介绍

虹桥体育公园（图 3-16），位于上海虹桥商务区核心区域，是一个集体育竞技、休闲健身、文化娱乐等多功能于一体的大型地下体育设施。作为上海市的重点工程之一，虹桥体育公园总投资巨大，占地面积和建筑面积均达到较高水平。它不仅为市民提供了高品质的体育健身场所，也成为展示上海城市形象和文化魅力的重要窗口。

图 3-16　虹桥体育公园

虹桥体育公园地下部分主要包括体育馆、游泳馆、羽毛球馆、健身房等各类体育设施，以及更衣室、淋浴间、餐厅等配套设施。这些设施的设计和建设充分考虑了市民的多样化需求，旨在打造一个舒适、便捷、安全的体育健身环境。

② 特点

a. 地下空间的高效利用：虹桥体育公园通过巧妙的空间规划和设计，将各类体育设施布置在地下，实现了地下空间的高效利用。这不仅减少了地面空间的占用，还避免了天气等因素对体育活动的影响。

b. 多功能性与灵活性：地下体育设施涵盖了多种体育项目，满足了不同年龄段及不同兴趣爱好市民的健身需求。同时，这些设施还具有很高的灵活性，可以根据不同的活动需求进行快速转换和调整。

c. 绿色环保与可持续发展：虹桥体育公园在设计和建设过程中充分考虑了绿色环保和可持续发展因素。通过采用绿色建材、节能设备等措施，有效降低了能源消耗和环境污染，实现了经济效益和社会效益的双赢。

d. 人性化的设计理念：地下体育设施在细节设计上充分考虑人性化的需求。例如，通过引入自然光、设置通风系统、优化流线布局等手段，为市民提供舒适、便捷的健身环境。

③ 技术进步性

a. BIM 技术的应用：虹桥体育公园在设计和施工过程中广泛采用了 BIM 技术。这种技术可以实现信息共享和协同设计，提高设计质量和施工效率，确保项目的顺利进行。

b. 绿色节能技术的创新：地下体育设施在设计和建设中采用了多种绿色节能技术，如地源热泵、高效节能空调等。这些技术的应用有效降低了能源消耗和碳排放，体现了绿色环保的理念。

c. 智能化管理系统的应用：虹桥体育公园地下体育设施引入了智能化管理系统，包括智能照明、智能安防、智能环境监测等功能。这些智能化技术的应用不仅提高了管理效率，还为市民提供了更加便捷、高效的服务体验。

总之，虹桥体育公园作为地下体育设施的代表工程之一，通过其高效的空间布局、多功能性与灵活性、绿色环保与可持续发展的设计理念，以及技术先进性等方面展示了地下空间在体育领域的独特优势和潜力。该工程为市民提供了高品质的体育健身场所，推动了城市体育事业的发展，同时也为其他地下体育设施的建设提供了有益的借鉴和参考。

（6）地下医疗卫生设施：丽水市地下急救医院

① 工程介绍

浙江省丽水市地下急救医院工程是丽水市人民防空办公室自建的人防工程（图 3-17），于 2011 年建成，总面积达到 3200m^2。环绕的山体岩石层，为该医院提供了一个安全、稳定的环境。医院的主要功能为战时地下急救，但在平时则无偿提供给丽水市中心医院使用，主要用于放射性肿瘤病的防治。

② 特点

a. 平战结合：丽水市地下急救医院充分体现了“平战结合”的方针，即在平时作为医疗设施为市民提供服务，在战时则迅速转化为急救医院，为伤员提供及时的医疗救治。

b. 人防工程优势：医院利用人防工程恒温、恒湿、避光、通风、防震的优势，为患者提供了一个舒适而安全的治疗环境。这种环境特别有利于放射性肿瘤病的防治。

c. 地理位置独特：医院被山体岩石层环绕，位置相对隐蔽，不仅增强了其安全性，同时也为放射性肿瘤病的防治提供了一个良好的空间。

图 3-17　丽水市地下急救医院放射治疗中心

③ 技术进步性

a. 智能化管理系统：该医院采用了先进的智能化管理系统，通过集成物联网、大数据、云计算等技术，实现了医疗设备的智能监控、远程维护和故障预警。这不仅提高了设备的使用效率，也减少了维护成本，并确保了医疗服务的连续性。

b. 医疗信息化技术：医院建立了完善的医疗信息化系统，实现了医疗数据的电子化、网络化和智能化管理，包括电子病历、远程会诊、移动医疗等应用。不仅提高了医疗服务的质量和效率，也方便了患者的就医体验。

c. 应急响应机制：医院建立了完善的应急响应机制，包括应急预案、应急队伍、应急物资等。在紧急情况下，医院能够迅速启动应急响应程序，调集医疗资源，为伤员提供及时的医疗救治。

总之，丽水市地下急救医院工程是一项集人防工程与医疗设施于一体的独特项目，具有显著的特点和技术进步性。它不仅为丽水市及其周边地区的市民提供了宝贵的医疗资源，也展示了我国在人防工程和医疗设施建设方面的成就。

3.4 物流设施地下空间

3.4.1 发展历程

地下物流系统（ULS）是指在城市内部及城市间，通过地下管道或隧道等封闭空间来自动化运输货物，是符合未来城市发展需要的一种全新概念的运输和供应系统，如图 3-18 所示。城市地下物流系统作为一种具有广阔应用前景的新型城市物流系统，可以有效缓解城市交通拥堵、改善城市生态环境、提高城市物流效率。

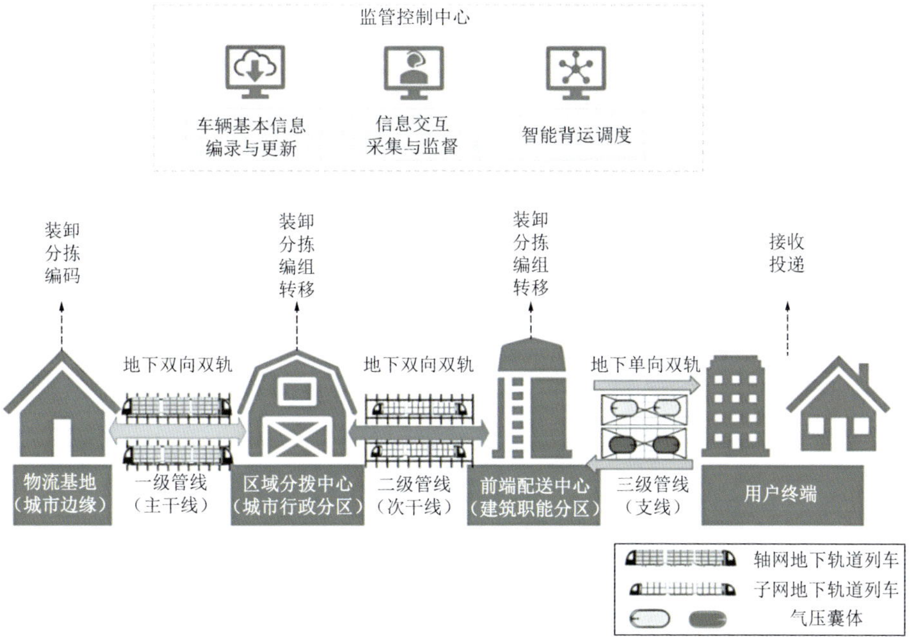

图 3-18　城市地下物流系统

国内物流设施地下空间的发展可追溯至 20 世纪末，经历了从概念引入到试点探索的渐进过程。

（1）早期探索（2000 年前）：地下空间主要用于人防工程和地下仓储设施，如北京、上海等地早期的人防工程改造为地下仓库。此时物流功能尚未系统化，应用较为零散，仅作为辅助性功能存在。

（2）初步发展（2000—2010 年）：21 世纪初，国内学者开始系统研究地下物流系统（ULS），并借鉴日本、荷兰等国家的先进经验。2004 年，钱七虎院士首次提出地下物流可作为缓解大城市交通压力的新思路；随后，北京、上海等地开始规划地下货运走廊，标志着地下物流系统从概念走向初步实践。

（3）快速发展（2010 年至今）：随着智慧城市和“新基建”战略的推进，地下物流系统进入实践阶段并迅速发展。雄安新区、上海、深圳等地将地下物流纳入城市规划，并尝试结合地铁、综合管廊等设施构建多层级网络。2024 年，中国铁建研发的“EUP 竖井智慧车库”项目落地上海，标志着深部地下空间物流化利用的技术突破。

3.4.2 研究现状及代表性工程

1）国内理论研究现状

我国对地下物流的研究起步相对较晚，2002 年国内开始出现介绍国外地下物流相关研究的文章，开启了我国对这一领域的探索之门。

2004 年，中国工程院院士钱七虎提出地下物流系统是解决大城市交通问题的一种创新策略。他详细介绍了国外地下物流的发展状况以及对我国城市的作用，指出地下快速路和地下物流系统由于不占地面土地资源、能隔绝振动和噪声、不影响地面景观、不割裂城市景观和有利于提高城市空气质量，在工程方案的环境指标比较以及技术、经济、环境的综合比较中处于领先地位，应予以首选（图 3-19）。钱七虎院士还结合北京的实际情况开展研究，这一举措标志着我国地下物流系统应用研究的全面展开。

图 3-19 地上地下结合的物流配送中心

同年，广州市采纳了瑞典的技术，着手规划并建设地下垃圾输送管道网络，标志着我国在地下物流应用方面迈出了关键性的一步。该项目旨在通过地下管道系统实现垃圾的自动化收集和运输，有效改善城市环境卫生状况，减少垃圾运输对地面交通的影响。经过前期的勘测和设计，该项目逐步推进，为后续地下物流系统的建设积累了宝贵的工程实践经验，包括地下管道的铺设技术、垃圾运输设备的选型与应用、系统的运行管理模式等方面。

2005 年，《北京中心城中心地区地下空间开发利用规划（2004—2020 年）》深入探讨了地下物流系统对城市发展的潜在价值，并为相关设施的建设预留了所需的空间和条件。规划综合考虑了地下空间的功能区划和交通规划，将地下物流系统与地铁、地下停车场等基础设施统一规划，以提升地下空间的利用效率。这一规划的完成，为北京未来地下物流系统的建设打下了坚实基础，明确了其在城市整体规划中的角色和发展方向。同年,《上海市的地下空间概念规划》获得了市政府的批准，作为我国的经济中心和国际化都市，上海对地下物流系统的需求极为迫切。上海的规划紧密结合了城市发展战略和功能定位，对地下物流系统的发展进行了前瞻性规划和布局。规划考虑了如何通过地下物流系统提高城市物流效率、减轻地面交通负担，并探讨其与城市产业布局、商业中心分布的整合，以实现地下物流系统与城市经济社会发展的和谐统一。

这些早期的探索和实践，虽然在规模和应用范围上相对有限，但为我国地下物流系统的发展积累了宝贵的经验。它们让国内业界和学界对地下物流系统的技术要求、建设难度、运营管理模式等方面有了更深入的认识，为后续地下物流系统的大规模发展奠定了坚实的基础，推动了我国地下物流系统从理论研究向实际应用的逐步迈进。

2）代表性工程案例

（1）雄安新区地下物流系统规划

雄安新区作为未来城市发展的创新典范，在地下物流系统规划上极具前瞻性与引领性。其规划理念围绕绿色、智能、高效，旨在构建与城市发展相融合的现代化地下物流体系，规划时充分考量城市功能布局、人口分布和物流需求，力求与其他基础设施协同发展。

雄安新区地下物流系统规划十分注重与城市轨道交通、地下综合管廊融合。与轨道交通衔接，实现货物快速转运疏散，提升物流效率；与地下综合管廊结合，既高效利用地下空间，又便于维护管理，降低建设运营成本。部分区域，地下物流管道与综合管廊并行建设，共享通风、排水等设施，优化资源配置。

在技术应用层面，雄安新区积极引入先进智能技术。借助大数据分析精准预测物流需求，通过实时监测物流数据，经算法分析挖掘，提前预估不同区域和时段的需求，合理安排资源、优化配送计划，增强配送的准确性与及时性。

物联网技术实现货物实时跟踪监控。在货物上安装传感器，将位置、状态等信息实时传至管理平台，方便管理人员掌握动态，及时处理问题。一旦货物出现异常，系统自动报警，保障货物安全、及时送达。

智能分拣技术大幅提升物流配送效率。物流中心运用自动化分拣设备，依据货物信息快速准确分拣，减少人工的工作量与错误率。一些设备能在短时间内处理大量货物分拣，缩短分拣时间，提升整体配送效率。

雄安新区地下物流系统预期效果显著。

在物流效率方面，地下物流系统能优化运输路线并采用先进技术，预计货物运输时间比传统地面物流减少超 50%，更好满足时效需求。

在缓解交通拥堵方面，地下物流系统能分担部分运输任务，预计地面物流车辆通行量减少约 30%，可改善交通状况、提高道路通行能力。

在提升环境质量方面，地下物流能减少地面车辆尾气和噪声污染，同时采用环保运输工具设备，可显著改善城市空气质量和居民生活环境，助力城市可持续发展。

（2）京东“地下胶囊物流系统”

京东“地下胶囊物流系统”是极具创新性的物流配送方案，充分展现了京东在物流技术领域的创新实力。

该系统技术特色突出，运用磁悬浮技术，让胶囊在管道中悬浮运输，减少摩擦力与能量损耗，实现快速高效运输，如图 3-20 所示。同时，运输过程更平稳，可降低货物受损风险，提升安全性和稳定性。管道运输不仅能减少外界对货物的影响，还可依据城市布局和物流需求灵活设计，精准配送货物，城市中心和偏远地区都能兼顾。

图 3-20　京东“地下胶囊物流系统”

其应用场景广泛，主要用于城市内部快递配送和电商货物运输。与京东仓储中心、配送站点配合，可大幅缩短快递配送时间。在电商促销时，能缓解物流压力，保障货物及时送达，“双 11”等购物集中期间可减少货物积压和延误。

系统的创新体现在全流程自动化和智能化，从分拣、装载到运输、配送都由智能控制系统自动化操作，减少人工干预，还能根据物流需求实时调整运输方案，优化路线，实现资源最优配置，如图 3-21 所示。而且该系统灵活性和可扩展性强，能随城市发展和物流需求变化进行调整和扩展。

2018 年，京东受雄安新区管委会委托开展容东地下物流研究，标志着京东雄安地下物流系统规划启动。京东从城市视角进行智能物流规划，将智能物流体系融入城市规划，打造高效、智能、绿色的地下物流系统。

图 3-21　地下物流系统概念图

在技术应用上，融合多项先进技术。磁悬浮技术提升运输速度，相比传统方式可提速 30%～50%，无噪声污染，使用清洁能源，零排放，符合雄安新区绿色发展理念。智能控制系统基于物联网、大数据、人工智能构建，能实时监控和智能调度物流全过程。通过传感器采集信息，经大数据分析优化路线，提升配送效率 20%～30%，人工智能实现智能调度和自主决策，提高系统响应和运行效率。

京东雄安地下物流系统创新点多。物流模式方面，提出地下管廊与楼宇自动连接，实现货物全流程自动化流转，提升配送效率，降低成本，带来便捷体验。资源共享方面，倡导共配物流模式，共享资源、统一标准，减少 50%的车辆投入，缓解交通压力，减少基础设施重复建设，提高资源利用效率。

这些规划和项目表明，中国正在积极探索地下物流系统的应用，以提高城市物流效率，减轻地面交通压力，并为未来城市的可持续发展奠定基础。随着技术的进步和城市化的需求，地下物流系统有望在国内得到更广泛的应用和发展。

3.4.3　国内城市地下物流面临的挑战

国内城市地下物流系统作为缓解交通压力、提升物流效率的创新方案，近年来虽受到广泛关注，但在实际推进中仍面临诸多挑战。

1）技术与安全难题

（1）技术研发瓶颈

地下物流系统要高效运行，离不开先进技术的支持，当前这些技术研发困难重重。

① 自动导向车（AGV）（图 3-22）作为关键运载工具，性能亟待提升。目前，

AGV 在实际应用中存在行驶速度、载重能力和定位精度方面的不足。

图 3-22　AGV

电磁感应导向技术应用广泛，但对地面条件要求较高，且路径变更灵活性差。

惯性导航技术对运行环境要求较低，但长期运行累积误差较大，影响定位精度。

光学检测导向技术易受光线和灰尘干扰，稳定性较差。

机器视觉导向和自主导航技术尚处于研究阶段，距离大规模应用尚需时日。

② 信息控制系统是地下物流系统的核心，负责实时监控和管理物流运输，其重要性不言而喻。然而，现有的系统数据处理能力、通信稳定性和系统兼容性方面存在诸多不足，亟待改进。

首先，地下物流产生的货物、车辆和设备信息繁多，需要强大的数据处理能力。然而目前系统处理大规模数据时速度慢，且容易出现数据延迟、丢失的情况，这严重影响了物流决策的及时性和准确性。

其次，通信稳定性也是一大挑战。地下环境复杂，信号易受干扰、衰减，导致通信中断或不稳定，影响车辆与控制中心的实时通信，威胁物流运输安全。

此外，不同厂家设备和系统兼容性差，增加了系统集成的难度和成本。为了解决这些问题，需要采取一系列措施来优化信息控制系统。

（2）安全运行风险

在地下环境中，地下物流系统的安全运行风险较大，设备故障是突出的安全隐患。因其设备长期处于封闭、潮湿且通风差的环境中，易受腐蚀、磨损，像自动导向车的关键部件会磨损、老化，管道、隧道等基础设施也可能因地质变化、地下水侵蚀受损，威胁物流运输安全。

设备一旦故障，在地下维修难度极大。维修人员不仅要有专业技能和设备，还要克服通风不良、光线昏暗、空间狭小等问题，使得维修时间长、成本高，甚至还可能中断物流运输，给企业造成经济损失。

地下物流系统必须具备完善的紧急情况应对机制。火灾发生时，地下空间的烟雾和热量难排出，火势蔓延快，严重威胁人员和货物安全，所以需要配备先进的火灾报警、灭火及通风排烟设备。面对洪水、地震等自然灾害，地下物流系统可能严重受损，导致运输中断，这就要求系统提前做好防洪、抗震措施，比如设置防水闸门、加固隧道结构，以便灾害后能迅速抢修。目前，我国地下物流系统在紧急应对机制、相关技术和设备方面存在不足，有待改进。

2）基础设施建设困境

（1）复杂地质条件影响

地下物流系统的建设与地质条件紧密相连，复杂地质条件给其建设带来诸多难题，严重影响工程的可行性、安全性和稳定性。

① 地下水位是关键影响因素。地下水位高会增加施工难度和风险，隧道挖掘时易引发涌水，影响施工进度，还可能导致坍塌，威胁施工人员生命安全。同时，地下水位高会使土壤松软，降低地基承载能力，给基础建设带来困难，需采取井点降水、设置止水帷幕等特殊措施来提高地基稳定性，这增加了工程成本和复杂性。

② 地质结构复杂也是一大挑战。不同地区地质结构差异大，岩石硬度和地层稳定性等都会影响工程建设。在岩石硬度高的地区，隧道挖掘困难，需使用盾构机、爆破等特殊设备和技术，成本高且可能破坏周边地质结构，威胁周边建筑和基础设施安全。在地质结构不稳定地区，如断层、滑坡地带，地下物流设施建设风险大，易出现坍塌、变形，需要加强地质监测和加固。

③ 土壤性质同样不可忽视。沙土透水性强，黏性土可塑性大，这些特性影响地下物流设施的基础设计和施工。沙土地区要注重防渗，黏性土地区则需处理好沉降问题，以保障设施稳定。

（2）现有设施干扰与建设成本

城市地下已有的大量基础设施，像地铁、隧道、管道等，严重干扰了地下物流系统的建设。在城市中心区域，地下空间被各类设施占满，地下物流系统建设空间受限，其规划和建设困难重重。规划管道线路时，常与现有设施冲突，调整或避让线路不仅增加工程难度和成本，还会影响整体布局和运行效率。

① 现有设施阻碍了地下物流系统的施工。施工时需保护现有设施，为此要采用盾构法、顶管法等特殊施工技术，这就要求施工单位具备丰富的经验和先进的设备，进而增加了施工的复杂性和成本。

② 建设成本高昂是地下物流系统发展的一大制约因素。地下工程建设成本本

来就高，涵盖土地征用、隧道挖掘、设施安装等方面的费用。与地面工程相比，地下工程施工难度大，需要盾构机、地下连续墙等特殊设备和设施，购置及使用成本高昂。而且，复杂的施工环境需要通风、照明、排水等安全措施，进一步提高了施工成本。

③ 建筑物改造也是建设成本的重要部分。为连接地下物流系统与地面建筑需改造部分建筑，如设置装卸口、电梯等。改造前要评估和设计建筑结构，以确保安全，这需要大量资金和技术投入。

④ 地下物流系统的长期运营和维护成本也不可忽视。运行中，管道要定期检测维修，自动导向车等设备需定期保养升级。随着系统规模扩大和运行时间增长，这些成本不断增加，对企业经济效益影响较大。

3）政策法规与经济效益困境

（1）政策法规不完善

政策指导和法规框架不完善，严重制约着地下物流系统的发展。目前，我国还没有制定专门针对地下物流系统的统一、系统的政策和法规，导致其在规划、建设、运营等环节缺乏明确指引和规范。

① 规划阶段：因缺乏统一政策指导，各地各部门各自规划，缺乏协调性和前瞻性。这就使得地下物流系统规划常与城市整体规划、其他基础设施建设冲突，难以融合。一些城市的地下物流系统规划与地铁、地下综合管廊规划不协调，造成施工困难和资源浪费。

② 建设环节：法规标准缺失，地下物流系统的建设质量和安全难以保障。不同建设单位技术标准和施工工艺不同，增加了工程风险。部分项目存在施工质量不达标、安全措施不到位的问题，给后续运营埋下安全隐患。

③ 运营阶段：法规及规范的不完善让运营管理困难重重。在货物运输责任界定、保险理赔、运营监管等方面没有明确法律依据，容易引发纠纷，影响系统正常运营。

另外，地下物流系统发展涉及多个部门协同，如交通、规划等部门。但由于缺少统一政策法规协调职责权限，部门间沟通不畅、协调困难。在一些项目中，部门职责不清，相互推诿，阻碍了项目的推进。

（2）经济效益评估难题

地下物流系统的建设与运营，在经济效益评估方面困难重重，主要原因在于初期投资大、回报周期长以及评估过程复杂。

① 建设地下物流系统需要巨额资金，涵盖土地征用、隧道挖掘、设备购置等多个方面，且这些费用在项目初期就要一次性投入，给企业和政府带来巨大经济压力。例如，建设每千米地下物流管道成本可能高达数千万甚至上亿元，让多数

企业难以承受。

② 地下物流系统回报周期长，往往要数年到数十年才能盈利。运营初期，因业务量少、运营成本高，通常处于亏损状态。只有业务量增加、运营效率提升后才可能盈利，使得投资回报的不确定性增加，企业投资时会格外谨慎。

③ 经济效益评估复杂，涉及建设成本、运营成本、运输效率、市场需求、政策环境等诸多相互关联、相互影响的因素。提高运输效率可能降低运营成本，但需要增加设备投资和技术研发投入；市场需求和政策环境的变化也会影响业务量、收入、成本等。准确评估这些因素的影响，需要科学的评估模型和方法，对评估人员专业能力和数据支持要求很高。

当前，我国地下物流系统经济效益评估的方法和标准并不完善，不同评估机构和人员采用的方法、参数不同，导致评估结果差异大。因此，投资者和决策者难以获取准确的评估信息，增加了决策的难度和风险。

4）公众认知与协同合作问题

（1）公众接受度低

目前，公众对地下物流系统认知不足、接受度低，严重制约了其推广和发展。

① 地下物流系统作为新兴物流模式，多数公众对其运作方式和优势并不了解。由于宣传推广不足，公众了解渠道有限，相关调查显示，普通民众中对其有一定了解的不足 20%，很多人甚至从未听说过。

② 认知缺乏导致公众接受度低，对地下物流系统的安全性、可靠性和实用性心存疑虑。一些人担心运行时产生的噪声、振动会影响生活质量，还有人担忧货物的运输安全。民意调查中，超 60%的受访者对其安全性表示担忧，可见公众信任度有待提升。

③ 传统物流观念深入人心，公众对地下物流系统存在抵触。长期以来，人们已习惯传统的地面物流，认为其能满足日常需求，对地下物流系统的优势和潜力认识不够，不愿轻易尝试新的物流模式。

（2）协同合作机制缺失

地下物流系统的发展依赖多方协同合作，但我国目前在这方面存在明显短板，协同合作机制缺失问题突出。

① 政府部门间：交通、规划、建设、环保等部门在地下物流系统规划建设时，缺乏有效沟通协调机制。各部门多从自身利益出发制定政策规划，缺乏整体统筹。交通部门规划交通网络时，可能忽略地下物流与其他交通方式的衔接；规划部门进行城市规划时，未给地下物流预留足够空间；建设部门施工时，不与其他部门充分协作。以上情况导致地下物流系统建设与其他基础设施建设冲突不断。

② 企业层面：物流、建筑、技术研发企业在地下物流系统建设运营中同样协同不足。物流企业熟悉实际需求和运营管理，而在技术研发和工程建设方面能力欠缺；建筑企业擅长地下工程建设，但对物流业务了解不深；技术研发企业虽有技术研发优势，却在实际应用和市场推广上经验匮乏。企业间沟通不畅，使得地下物流系统建设运营出现技术与需求脱节、建设与运营不协调等问题，严重影响发展效率和质量。

③ 政府部门与企业间：政府部门与企业间协同合作不够。政府在政策制定、规划引导和资金支持方面至关重要，但实际操作中，双方沟通渠道不畅，信息共享机制不完善。政府难以及时掌握企业需求和困难，企业也无法有效获取政府的政策支持与指导，导致地下物流系统发展既缺乏政策引导，又少于市场推动，难以形成发展合力。

5）城市规划与环境保护挑战

（1）与城市规划脱节

地下物流系统与城市整体规划及未来发展脱节，严重阻碍了自身发展与城市功能优化。

① 在城市规划时，因对地下物流系统重视不足，缺乏前瞻性布局，其与城市功能分区、交通网络、人口分布等未能有效协调。新城区建设常未预留充足地下物流空间，致使后续建设面临空间和线路布局难题。商业区、住宅区规划时忽视其配送需求，造成连接不畅，降低了物流配送效率。

② 地下物流系统与城市现有交通系统的衔接也存在问题。城市交通系统包含多种方式，地下物流需与之高效衔接来提升整体物流效率。但目前很多城市中，二者缺乏有效规划协调，地下物流站点与地铁站、公交站距离远，货物转运不便，增加了运输时间和成本。

③ 地下物流系统发展应与城市产业布局相适配。不同产业物流需求各异，地下物流需依产业布局合理设置节点和线路。然而部分城市中，两者脱节，导致工业园区存在地下物流运输能力不足的情况，无法及时运输原材料和产品，影响企业生产效率。

（2）环境保护压力

地下物流系统在建设和运营过程中给环境带来了影响，面临较大的环保压力。

① 建设时，隧道挖掘和管道铺设等工程活动会破坏地下水资源、土壤结构和生态系统。隧道挖掘可能导致地下水位下降，影响水资源供应和生态平衡；管道铺设会破坏土壤结构，影响植被生长。部分城市的地下物流工程因施工时对地下水保护不足，引发了地下水位下降、地面沉降等问题，对生态环境和居民生活产生不利影响。

② 运营时，地下物流系统也会产生环境污染物，如噪声、振动和尾气。虽然

相比传统地面物流有一定环保优势，但自动导向车运行产生的噪声和振动会干扰周边居民生活，通风系统排出的尾气会影响城市空气质量。而且，地下物流系统的能源消耗问题也需重视，提高能源利用效率迫在眉睫。

为缓解环保压力，需采取有效措施。建设过程中，要加强对地下水资源、土壤和生态系统的保护，采用科学施工方法减少环境破坏。运营过程中，使用先进环保设备和技术，降低污染排放，提高能源利用效率。同时，加强环境监测和评估，及时发现并解决环境问题，确保建设和运营符合环保要求。

3.5 仓储设施地下空间

1）发展历程

我国城市地下仓储设施的发展，经历了从新石器时期的简单窖藏到当代高度自动化和智能化多个阶段。伴随着农业的发展，尤其是在定居农业出现后，工业革命推动了城市化进程和大规模工业生产，地下仓储也随着技术的不断创新由古机械手工业时代向工业化、机械化、自动化、智能化、信息化时代迈进。

（1）古代（1840 年之前）：“储粮”

170 万年前的原始社会末期当部落或个人实现“粮食自由”时就把多余的食物储藏进“窑穴”，仰韶文化时期先民们采用口小底大的袋状结构地窖储粮，如隋唐时期的“天下第一仓”含嘉仓。这一时期，地下仓储主要依赖就地取材，以手工作业和古代机械技术为主要特征。

（2）近代（1840—1919 年）：“藏金”

鸦片战争时期，我国沿海城市通商口岸相继对外开放，开埠以后，金融业随之繁荣，各地洋行、商会林立，建筑结构通常为地上 3～6 层、地下 1 层，地上办公，地下藏金（进出口货物、金条、钞票）。

（3）现代（1919—1949 年）：“战防”

第二次世界大战期间，我国各大城市修建地下防空避难设施，战防并举，保护人身财务安全，储备粮食及军需物资。战争期间战略物资的巨大需求推动工业扩张，从而加速了新技术的产生和应用。

（4）当代（1949 年之后）：“储能”

随着全球对可再生能源和节能减排的重视，我国储油、储水、储气、储氢、储氦等储能产业得到快速发展。存储技术走向智能化、绿色化、无人化、信息化、网络化，进入 AI、量子、区块链时代。

2023 年，我国常住人口城镇化率已达到 66.16%。随着城市的发展、城市化率的不断提高，合理开发利用地下空间的需求日益迫切。利用地下空间“储能、储粮”，不仅能将粮食和能源的非连续性转化为连续性和稳定性，确保国家能源稳定供应、战略物资可靠安全及“双碳”达标，还可有效解决地上仓储经济性差、安全性低、占地面积大等问题。

2）代表性工程

（1）地下粮库

我国以农立国，重农重储。从早期“深挖洞、广积粮”到实现机械化配套，地下粮仓建造技术愈发成熟，结构安全可靠，经济效益显著。

兵马未动粮草先行。隋唐时期的“天下第一粮仓”含嘉仓，其规模宏大、设计科学、防潮技术先进。经发掘发现，含嘉仓遗址内的仓窖形制基本相同，基本为口径 12m，最大的口径约 18m、深近 12m，最小的口径约 8m、深约 6m，均口大底小，呈圆缸形，如图 3-23 所示。仓窖选址于地势高耸，土质干燥，水位深埋，利于储粮之地。据有关史料记载，唐玄宗天宝八载（公元 749 年），含嘉仓储粮量占了全国储粮总量的近一半，被称为中国古代最大的粮仓。

图 3-23　隋唐含嘉仓示意图

含嘉仓的设计与建造技术体现了古人的智慧与匠心，古人巧妙地运用了“席子夹糠”法。先将挖好的仓窖用火烘干，以去除窖内的潮气；接着，将草木灰摊在窖底，草木灰不仅具有吸湿性，还能起到杀菌消毒的作用；然后，在草木灰上铺设木板，木板之上再铺席子，席上垫谷糠后再铺一层席子。窖壁的处理也同样采用“席子夹糠”的方式，既增强了窖壁的稳定性，又进一步提高了隔湿保温的效果。然后封土，粮窖完工。为了检测粮窖里的粮食储存情况，在封土上栽种树苗，如果粮食发热、发芽，那么树木就会枯黄。库存外调采用推陈出新制度，“仓廒米粮，日久且朽，当出陈易新，以济民用，公私两便”，前门进新粮，后门出旧粮，保证了粮食的新鲜度与流通性。

新中国成立初期，受国力所限，为了解决长期安全储粮和备战备荒的需要，在研究“含嘉仓”的基础上，全国各地开始建造土体地下粮仓（简称“地下仓”），并发掘出七种不同的仓型（窑洞仓、立筒仓、喇叭仓、双曲拱仓、半地下仓、椭圆形仓、管形仓），如图 3-24 所示。

a) 北方土体地下粮仓

b) 南方岩体地下粮仓

图 3-24 北方土体地下粮仓与南方岩体地下粮仓

在浅埋土层中的地下粮库，以中、小型周转库为主，可兼作战备粮库，仓体多采用明挖形式。大型地下粮库多建在山体岩层中，仓体为暗挖洞室。如杭州市某粮食储备库（图 3-25），最大储量可以达到 10 万 t。建筑面积 11700m^2，使用面积 9600m^2。平面布置是棋盘道式，主体结构为离壁式和贴壁式混凝土被覆，外包两毡三油防水。

图 3-25 杭州市某粮食储备库

2022 年，河南驻马店平舆县，中国第一个装配式地下粮仓试验平台开工，如

图 3-26 所示。每个标准地下粮仓建成后规划设计存放 5000t 小麦。它的存储时间可以从 2～4 年提升到 4～8 年，运营期不需要供电通风降温，地温就可以实现恒温恒湿。

图 3-26　驻马店平舆县正在建设中的中国第一个装配式地下粮仓试验平台

粮食储备作为国家安全的战略基石，对中国粮食安全意义重大。目前，中国储粮技术水平总体居世界前列，“四合一”储粮技术（粮情测控、机械通风、环流熏蒸、谷物冷却）在广大国有粮库普及应用，由“安全储粮、减损降耗”向“保质保鲜、绿色优储”的高质量发展阶段迈进。

（2）地下储气库

地下储气库是把天然气注入地下圈闭或人造洞穴形成的一种储气场所，如图 3-27 所示。目前天然气地下储气库类型主要包括枯竭油气藏储气库、含水层储气库、盐穴储气库和废弃矿坑储气库四种，其主要功能是用气调峰和安全供气、战略储备、提高管线利用系数、节省投资、降低输气成本等。

目前，我国在油气藏型、盐穴型储气库建库理论和技术方面基本成熟，创造了世界储气库建设的多项第一。如我国第一个储气库——“大港大张坨枯竭气藏储气库”，设计库容 69 亿 m^3；国内储量最大的储气库——“新疆呼图壁砂岩气藏型储气库”，设计库容 117 亿 m^3；被称为中国盐穴第一库的“江苏金坛盐穴地下储气库”，设计库容 26.39 亿 m^3；世界储层最深的“苏桥储气库”，设计库容 67 亿 m^3；国内首座海上油藏改造的储气库——“冀东油田南堡 1-29 海上油气藏储气库”，设计库容 18.14 亿 m^3；西南首座储气库——“重庆相国寺枯竭油气藏储气库”，设计库容 42.6 亿 m^3；西北地区首座储气库——“吐哈油田温吉桑枯竭气藏改建储气库群”，设计库容 56 亿 m^3 等，形成了一系列适合中国地质条件储气库地质选址的理论及关键技术，发挥着“错峰填谷，季节调峰，战略储备”的重要作用。

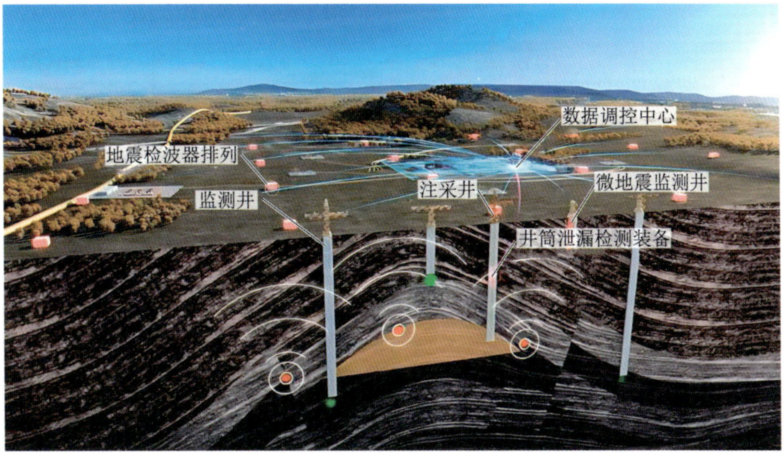

图 3-27　地下储气库构造

据不完全统计，截至 2024 年底，我国地下储气库数量达 107 座，见表 3-1，全国地下储气库累计库容达到 779.2 亿 m^3。但是，因气产地与消费区分离，建库地域分布不均，国字号战略工程“西气东输”与储气库同步规划，实现了气能源供给与需求的无缝衔接。

中国地下储气库项目的地区分布和存量统计　　表 3-1

地区	项目数（座）	地区	项目数（座）
东北地区	19	西南地区	13
黑龙江省	（4）	重庆市	（6）
吉林省	（4）	四川省	（6）
辽宁省	（11）	贵州省	（0）
东北蒙区	（0）	云南省	（1）
西北地区	16	西藏自治区	（0）
新疆维吾尔自治区	（8）	华东地区	11
甘肃省	（0）	江苏省	（10）
宁夏回族自治区	（0）	上海市	（0）
青海省	（1）	浙江省	（0）
陕西省	（6）	安徽省	（1）
西北蒙区	（1）	华南地区	4
华北地区	33	江西省	（1）
北京市	（0）	福建省	（0）
天津市	（12）	广东省	（2）

续上表

地区	项目数（座）	地区	项目数（座）
河北省	（13）	广西壮族自治区	（0）
山东省	（8）	海南省	（0）
山西省	（0）	港澳台地区	（1）
华北蒙区	（0）		
华中地区	12		
河南省	（7）		
湖北省	（4）		
湖南省	（1）	总计	107

注：1. 统计截至 2024 年 12 月。项目动态变更快速，实际数量以最新数据为准。
2. 括号内的数字为辖区项目数。

（3）地下油库

油库是国家石油储备和供应的基地，具有油料的储存和中转功能，是协调原油生产、加工、成品油供应及运输的枢纽，也是调节油品供求平衡的杠杆。我国是全球最大的制造业国家，也是石油消费大国，但国内石油资源相对匮乏，超过70%的石油需要进口。为此，我国于 2003 年开始建立石油储备体系。

当前我国油品储存采用的是企业储存、商业储存和国家储存相结合的多途径储存方式。大多数为地下水封洞库，如图 3-28 所示。我国超百万立方米规模的地下水封洞库主要有：黄岛水封洞库储备库，规模为 300 万 m^3；锦州水封洞库储备库，规模为 300 万 m^3：大亚湾水封洞库储备库，规模为 400 万 m^3：廉江水封洞库储备库，规模为 500 万 m^3；中海油惠州地下水封洞库储备库，规模为 500 万 m^3。

图 3-28　地下水封油库储备效果图

（4）地下物资库

① 地下低温仓库

中国是农业大国，同时也是人口大国，粮食收获后的保存是重中之重。为保障农产品地藏保鲜，各个城市都会选择在地下浅土层建设地下食品仓库，如图 3-29 所示。湖南省永州市祁阳市在城边建成总容量为 2 万 t 的食品冷冻库 6 座，以及总容量为 3 万 t 的现代化果蔬农副食品气调保鲜库 8 座，可同时储备食品 5 万 t；山东省泰安市新泰市共建设冷藏地窖 4090.4m^3；山东省泰安市新泰市山东青云国际冷链智慧物流园，拥有地下仓储冷库 26000m^3。

图 3-29　田间地头建储藏窖、冷库

地下低温仓库，除了果蔬冷藏外，还可用于生物医疗器械低温存储，其广泛应用于医院、疾控中心、检测中心、生物制药公司、科研院所等机构。如同济大学长江环境样品库（YESB）（图 3-30），为 200m^2 的−25℃地下冷库，主要用于环境样品（土壤、沉积物、城市污泥、野生生物及人体组织样品等）的系统性收集和长期存储。

图 3-30　长江环境样品库

② 地下金库

目前中国的最高楼——上海中心的观复宝库（国内最大私人金库）（图 3-31），最深处深入地下 25m，地下结构与大厦一体浇筑而成，有 3 万多个保险箱和 24 间库房。墙壁厚 1.6m，采用 61000m^3 底板混凝土整块浇筑。库内可实现智能恒温、恒湿，并配有全球先进的生物控制系统，具备防虫防蛀、漏水报警、空气颗粒物控制、24h 环境监测、智能控制照明等功能。

图 3-31　观复宝库

③ 地下水库

我国地大物博、气候条件多样，雨水空间分布不均匀，东南部水资源充沛而西北地区降水量较少。

中国古代三大工程之一的新疆地区古老式坎儿井（图 3-32），用于截取地下水来进行农田灌溉和居民用水。

a) 坎儿井现场　　b) 结构示意图

图 3-32　新疆坎儿井

20 世纪 70 年代，我国开始地下水库的建设，有利用天然溶洞改建的重庆市北碚海底沟地下水库（图 3-33）、河北省邢台百泉岩溶水库，以及含水层储水型的河北省南宫地下水库、回灌型的北京市西郊地下水库、入渗型的山东省龙口黄水河地下水库等。

图 3-33　海底沟地下水库

④ 地下数据中心空间

贵州省贵安大数据“硅谷”，如图 3-34 所示。平均海拔 1100m，年平均气温 14～16℃，即便最炎热 7 月份，平均气温也只有 23℃，夏无酷暑，冬无严寒，无地震，无台风，无泥石流，且电能充沛费用低廉，是很多科技巨头数据服务器的“天然大空调”。

贵州省多山地、多丘陵，利用山体及地下空间，贵安新区目前已建成华为（七星湖）数据中心、华为（高端园）数据中心、苹果中国（贵安）数据中心、腾讯贵安七星数据中心、中国移动数据中心、中国电信云计算贵州信息园、中国联通数据中心等多个数据中心，形成超大数据中心集群，“东数西存”“东数西算”，因此贵安新区也被称为“中国机房”。

图 3-34　贵安新区建成后+的数据中心

⑤ 地下危险品库

危险品库是存储和保管易燃、易爆、有毒、有害物资等危险品的场所，如常见的烟花爆竹应存放在专用危险品库。相对于地上危险品库，地下空间恒温恒湿，再加上城市人口密度大，选择地下危险品库更为适宜。如福建省的厦门环信达危险化学品仓库（图 3-35），除了建有甲、乙、丙类地上危险化学品仓库外，还有甲类地下储罐，以满足不同级别危化品储存的需要。

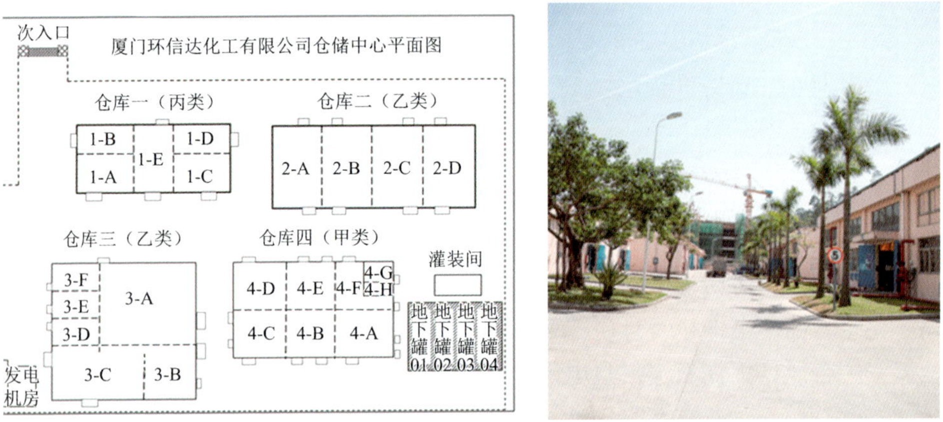

图 3-35　厦门环信达危险化学品仓库

（5）地下文物库

我国历史上第一个规模最大、结构最奇特、内涵最丰富的帝王陵墓——秦始皇陵地宫，如图 3-36 所示。它不仅是一个地下宫殿，也是一个文化符号，有着巨大的历史和文化价值，是一个待出世的地下文物库。

图 3-36　秦始皇陵地宫模拟图

除了帝王陵墓，还有龙门石窟、莫高窟、云冈石窟、新疆千佛洞等宗教石窟，以及世界五大宫殿之首——故宫，都是中国古代传统文化留下的艺术瑰宝，涵盖上下 5000 年的中华文明史，也是古人对地下空间开发利用的典型代表。

3）技术进展

随着科技、经济和社会需求的变化，以及地下仓储的多元化发展，地下仓储技术在不断创新和演进，降低了储能成本，提高了仓储效率和安全性，实现了地下仓储绿色、环保、可持续性发展。

（1）规模扩大化

城市化进程的加速和土地资源的紧张，使以地下空间作为仓储设施的市场规模不断扩大。

（2）政策支持与规划

我国政府高度重视地下空间的开发利用，并出台了一系列政策措施推动市场发展。“十四五”规划“转变城市发展方式”“推行功能复合、立体开发、公交导向的集约紧凑型发展模式，统筹地上地下空间利用，增加绿化节点和公共开敞空间……”。全国各地编制了多项地下空间规划蓝皮书，为仓储设施地下空间的发展提供了政策保障和规划指导。

（3）标准化

随着科学技术的发展，地下仓储设施实现标准化发展。针对盐穴地下储气库发展的若干关键科技问题，我国多家科研单位开展了储库盐矿地层精细探测、储库稳定性及密闭性、储库水溶建造技术、密集储库群灾变演化和风险评估等方面的基础研究，为我国油气地下储备的选址、设计、施工及运营提供了关键技术支撑，并已在盐穴储气库工程建设中得到成功应用，形成了盐穴储气库技术规范体系。

（4）技术创新与应用

随着科技的进步，新材料、新技术和新设备在地下空间开发中的应用越来越广泛。这些技术创新不仅提高了地下空间建设的安全性和效率，还推动了仓储设施地下空间的现代化和智能化发展。

（5）智能设备

地下仓储设施引入智能设备，如全自动立体仓库堆垛机、高度仅 115mm 的超薄四向穿梭搬运机器人等，大大提升了智能立体仓库的空间利用率、运行效率。

（6）自动化和智能化

随着科技的发展，地下仓储结构由“因地制宜、就地取材”向“自动化和智能化”方向发展。地下粮仓仓储设施条件得到跨越式发展，绿色储粮技术得到广泛应用，电子测温、机械通风、内环流控温，科技储粮覆盖率已达 98%以上，质量达标率稳定在 95%以上。

（7）环保和节能

提高环保意识，实现环保和节能。使用绿色建筑材料，减少对环境的影响。使用节能设备和技术，减少能源消耗，推动地下空间行业向绿色、低碳、循环的方向发展。

（8）安全性提升

提升安全技术，通过防火、防震、防盗等技术，不断提高地下仓储设施安全性。

（9）信息化

通过信息系统的应用，实现仓储设施的远程监控、数据分析等功能，提高仓储效率和服务质量。

（10）多功能化

仓储设施地下空间不仅将用于传统的货物存储和保管，还可与其他功能区域如商业、交通、公共设施等相结合，形成更加综合、高效的地下空间利用体系。如地下物流系统将物流运输系统由地面转向地下，在地下构建一套相对完整的物流运输体系，与地下仓储物流中心、社区配送中心等枢纽相互连通。

（11）深地仓储

深地仓储促进国土资源节约利用。2023 年香山科学会议第 748 次学术讨论会在京召开，会议执行主席、中国工程院院士、中国科学院武汉岩土力学研究所研究员杨春和在会上表示，“大力发展深地储能是实现中国碳中和能源结构转型升级的关键”。故宫博物院原有的文物库房，大多利用原有古建筑，门窗不严，室内潮湿，条件简陋。为解决文物库房条件落后与文物保管现代化这一矛盾，故宫博物院于 1987 年至 1997 年期间分别修建了一期地库和二期地库，规模近 21000m^2。2018 年 4 月 17 日，“故宫博物院地下库房改造及通道工程”正式启动，改造工程旨在完善地下库房结构，提升设备的运行能力，规模扩大至 29073m^2。采用全埋式钢筋混凝土构造，在结构上确保了防水、防潮和防火的功效。库内各房间均设有温湿度检测系统、消防系统、安全监视与报警系统和通风系统，使文物藏品处于恒温、恒湿、安全、可靠的储藏环境中。

3.6 人防设施地下空间

1）发展历程

随着现代城市化的迅速发展，城市面临着各种复杂的挑战，包括天然灾害、人工灾害、军事威胁等，这使得城市地下人防工程的发展变得至关重要。城市地下人防工程的历史可以追溯到 20 世纪初期的两次世界大战。在这两次世界大战期间，城市成为军事目标，大规模的空袭和炮击对城市居民造成了巨大的伤亡和破坏。这促使了各国政府开始认真考虑如何保护城市居民免受军事袭击的影响。

（1）防空洞阶段

防空洞最早出现在欧洲，源于 1911 年意大利与土耳其之间的空战。在看到敌机来袭时，逐渐萌生防空意识的士兵会躲藏进防空洞、掩蔽所，城市居民也会躲藏进地下室、酒窖、车站等地下设施，“防空洞”的概念也逐步由这些设施演化而来。

人防工程的发展动力主要有以下几种。

① 军事威胁：在现代社会，城市不再仅仅是文化和经济中心，还成了军事战略的一部分。因此，城市面临着来自敌对国家或恐怖组织的潜在军事威胁。城市地下人防工程的发展是为了提供居民避难和城市运转的能力。

② 自然灾害：城市地下人防工程也能用于应对自然灾害，如地震、洪水、台风等。这些工程可以提供居民疏散和保护的安全场所。

③ 人工灾害：城市地下人防工程还可以应对人工灾害，如化学泄漏、核辐射泄漏等。这些工程可以提供居民避难和保护免受危险物质的威胁。

人防工程的建设规模差异较大，城市地下人防工程的规模随着城市的大小和地理位置而异。一般来说，大型国际都市的地下人防工程规模较大，包括数百甚至数千万平方米的地下空间。这些工程通常由政府出资和建设，以保护大规模的城市居民。

小型城市或地区可能只有几个小型的地下避难所，但它们仍然发挥着重要的作用。城市地下人防工程的规模和类型可以根据城市的具体需求和威胁情况进行定制。

城市地下人防工程在结构设计、通风、供水、通信等方面有以下特点。

① 结构设计：城市地下人防工程通常采用坚固的混凝土结构，以抵御爆炸和冲击。这些结构需要符合严格的建筑标准，以确保其在紧急情况下的稳固性。

② 通风和供水系统：地下人防工程需要配备有效的通风和供水系统，以确保居民在其中的安全和生存。这些系统通常由备用发电机支持，以确保在断电情况下仍能正常运行。

③ 通信系统：地下人防工程需要具备有效的通信系统，以便政府和救援人员与居民进行联系。这些系统包括有线和无线通信设备。

④ 储备物资：地下人防工程通常存储有食物、水、医疗用品和其他必需品，以满足居民在紧急情况下的基本需求。

（2）平战结合阶段

20 世纪 70 年代末到 80 年代初，以大力发展生产力，促进城市经济发展为指导，全国人防工作提出了“平战结合，开发利用”的人防建设方针，“单建”逐渐转变为“结建”。例如黑龙江哈尔滨市由于商业设施缺乏，将市区 1 万多平方米的人防工程改造成一间间地下商铺出租。这条后来被誉为“全国人防商业第一街”的地下商铺长廊，取得了超出预期的社会和经济效益。

随后，“平战结合，开发利用”的人防观念如春风般一路南下，沈阳、长春、北京、太原、南京、上海、武汉、广州等城市纷纷打开人防工程大铁门，成千上万的人防设施变成商场、旅馆、餐厅、仓库、健身房和停车场，形成一座座服务社会、服务人民的“地下城”。图 3-37 为太原五一广场地下人防工程。

各地采用“人防工程 + 住宅区 + 商务区 + 地铁工程 + 公共服务设施”等多种模式，建起一大批地上地下综合体，不但落实了人防要求，还提高了城市空间承载能力，缓解了城市用地紧张矛盾。人防建设与城市建设逐渐结合，丰富了这个“地下世界”。

图 3-37　太原五一广场地下人防工程

（3）多功能化阶段

进入 20 世纪 90 年代，随着改革开放方针的逐步落实，地下空间的开发利用出现功能多样化、投资多样化的特点。同时，平战结合的建设方式逐渐被广泛采用，各商业中心、副中心的地块内开发建设了相当规模的地下设施，如图 3-38 所示。

地下空间建设也从单一人防建设逐步向多样化发展，出现了大量的地下商业设施、交通设施等。同时，在市政管线建设方面，由于旧城改造及城市环境整治，架空通信线、电力线及高压线也逐步引入地下。“地下世界”架构、设施日趋完善，地下与地上同样精彩。

图 3-38　地下商业街

2）代表性工程

人防商街即在青岛市以人防工程立项，大部分为青岛市人防办建设，部分项目引入商业投资建设的满足人防掩蔽要求的工程。此类工程一般平时交给开发商管理维护，功能为商业步行街，战时则被征用，作为人防工程提供人员掩蔽或者物资掩蔽的地下建筑空间。青岛市人防商街的建设起源于 1985 年龙山地下商城，至 2011 年后，政府部门政策调整，基本停止新建人防商街项目。较为出名的人防商街有太古百货、中防商街、龙山地下商业街、益群地下城、地景大道和中山商城六座。主要分布在青岛市市内四区交通便利的核心地段上。

青岛市作为国家一类防空重点城市，自新中国成立以来，除去特殊时期，一直坚持人防工程建设。经过几十年的建设发展，逐步形成一套互联互通的人防工程网络，见表 3-2。其中，以市南区此类老城区为例，几乎每条街道都设置有人防工程的战时疏散口，在这张人防战时网络中，基于人防工程平战功能的选址需求，人防商街就需要同时满足平时作为商业的客流汇聚点和战时疏散聚集点的区位要求，因此一般位于地下空间的交通节点上。

青岛部分人防商街表　　表 3-2

序号	名称	位置	建成时间	现状
1	龙山地下商业街	青岛市市南区信号山公园下方	1985 年 9 月 20 日	改成停车场
2	益群地下城	青岛市市南区泰安路 4 号	1994 年 3 月 9 日	正常经营
3	中山商城	青岛市市南区中山路 113 号甲	1997 年 11 月	封闭施工

续上表

序号	名称	位置	建成时间	现状
4	地景大道（原 901）	青岛市即墨路、德平路、辽宁路等	2011 年 6 月 27 日	正常经营
5	中防商街	青岛市李沧区书院路 22 号	2011 年	正常经营
6	太古百货	青岛市市南区香港中路 63 号甲	2011 年	正常经营

（1）龙山地下商业街

山东省青岛市龙山地下商业街是平战结合最早的示范工程（图 3-39），于 1985 年 9 月 20 日开业，拥有店铺 400 多间，经营范围包括服装百货、工艺品、小商品、家具、地下娱乐等多品类。龙山地下商业街的前身是 1981 年成立的龙山宾馆，定位中高端的龙山地下商业街的开业迅速引领了那个年代的时尚潮流，在工资几百元的年代，营业额达到七百多万元。

图 3-39　青岛龙山地下商业街

龙山地下商业街成了当时青岛市全市商圈的焦点，商业街冬暖夏凉，不少市民聚集此纳凉。在龙山红火的时期，龙山地下商业街的游乐城也贡献了巨大的流量，时空隧、三大景观、恐龙公园等主题展览吸足了观众的眼光，成为当时青岛市民与流行事物沟通的一扇窗。

到 2018 年底正式停止营业，龙山地下商业街在人防系统的各种评奖中，凭借“长期准备、重点建设、平战结合”的人防工作方针，获得“全国人防平战结合先单位”“人民防空先进单位”“全国文明市场”“山东省规范化文明市场”“青岛市规范化文明市场”“青岛市商业专业特色街——龙山地下服饰街”等多个荣誉称号。

整个龙山地下商业街位于信号山公园之下，总建筑面积 50429m²，可改造面积约 33707m²，原有店铺 100 余家，主要有龙山路、龙江路和华山路三个出入口，如图 3-40 所示。经过改造，分为 4 个防火分区，设置 5 部出地面楼梯，增设停车位 260 辆。

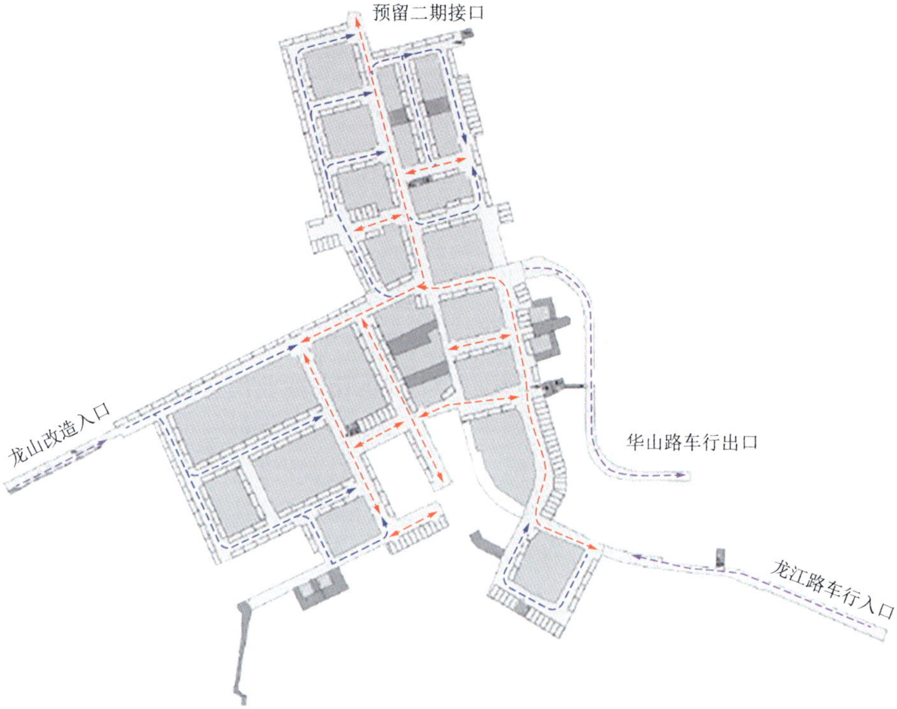

图 3-40　青岛龙山地下商业街平面示意图

（2）益群地下城

益群地下城是香港雅兰都集团与青岛地下铁道公司合建的公益工程，总面积 3.37 万 m²，主营草编批发、珠宝工艺、服装鞋帽、旅游百货、青岛特产及配套的餐饮，如图 3-41 所示。地下城主要服务于青岛火车站出入站人群，受益于巨大的人流量，地下城运营状况良好，一铺难求。

益群地下城与青岛火车站在空间上串联为一体，在火车站东广场有 4 个地下入口可以直接进入益群地下城，地铁 3 号线出入口、火车进站口等均与地下城直接对接，从流线上体现了地下城为青岛站提供配套服务的定位。此外，地下城配置了地下车库，车库与地下城同处地下一层，实现了点到点接送站，布局较为合理。地下城内装修也较为考究，与地铁、火车站的装修材质、风格统一。

图 3-41　青岛益群地下城

（3）中山商城

中山商城始建于 1997 年，建筑面积约 9500m^2，在 20 世纪 90 年代末到 21 世纪初，青岛市人防商街最红火的时间段，与人防龙山商业街、901 商业街分庭抗礼，相对于龙山的中高端，中山商城主营中低端，迎合年轻的审美与品位，成为流行服装的购买首选地与时尚风向标，引领岛城时尚潮流。

中山商城也被连续评为规范化文明市场，获得规范化达标市场、规范化文明板市场等多项荣誉，作为岛城最有影响力的地下商业街之一，红极一时（图 3-42），巅峰时期也是一铺难求。

图 3-42　青岛中山商场

然而，随着电商时代的到来以及中山商圈的衰落，中山商城逐渐走上下坡路，至 2021 年 12 月 31 日，中山商城正式停业。时任青岛市人防办主任的刘庆武同志，在做客青岛电视台《电视问政》栏目时，公开了中山商城停业改造的决定，将中山商城改造为地下停车场，以满足周边市民日益增长的车辆停泊需求。

3.7 国内地下空间发展特点

通过对国内地下空间发展历程及代表性工程的分析可以看出，我国地下空间开发利用虽起步较晚，但依托政策推动、技术创新和城市化需求，呈现出以下鲜明特点。

（1）发展速度迅猛

相较于国外百余年地下空间开发史，我国地下空间大规模建设始于 20 世纪末，但发展势头强劲。以城市轨道交通为例，1969 年北京地铁 1 号线通车后，国内地铁建设一度停滞，直至 20 世纪 90 年代上海、广州等城市重启建设。2000 年后进入高速发展期，截至 2022 年底，我国城市轨道交通运营里程突破 1 万 km，跃居世界第一。近年来，深圳、广州等城市在地下综合管廊、智慧停车库等领域快速推进，如广州中心城区地下综合管廊全长 45.7km，为全球规模最大的盾构法综合管廊之一。这种“弯道超车”的发展模式，体现了我国在技术引进、规划统筹和政策支持上的优势。

（2）重视政策驱动与顶层规划引领

我国地下空间发展高度依赖政策引导与规划统筹。例如：2015 年国务院发布的《国务院办公厅关于推进城市地下综合管廊建设的指导意见》（国办发〔2015〕61 号），明确“十三五”期间建成一批国际先进的地下综合管廊，推动综合管廊从试点走向普及。2021 年国家发展改革委、住房和城乡建设部、公安部、自然资源部发布的《关于推动城市停车设施发展的意见》，提出充分利用地下空间建设停车设施，催生了上海静安垂直掘进地下智慧车库等创新项目。此外，北京、深圳等城市编制地下空间专项规划，将地下开发纳入城市总体发展战略，如深圳滨海廊桥通过地下、地面、地上三层立体复合结构，实现交通、生态与文化的多功能融合，成为城市更新的典范。

（3）技术创新快速突破

我国在地下空间建设中攻克多项技术难题，形成自主创新能力。例如：广州地铁 18 号线采用全地下市域快线设计，盾构隧道直径达 8.8m，突破复杂地质条件限制；北京城市副中心行政办公区应用 BIM 技术实现地下空间协同设计；深圳福田综合交通枢纽通过智能灯带引导系统优化客流组织；中国锦屏地下实验室二期深达 2400m，突破了超深超大地下空间建造技术瓶颈。这些技术创新不仅提升了工程效率，也为全球地下空间开发提供了中国方案。

（4）多功能综合开发与集约利用

国内地下空间开发注重功能复合与资源集约，形成“立体化、网络化、综合化”格局。例如：武汉光谷广场地下空间集地铁换乘、商业、停车于一体，日均客流超 50 万人次；深圳滨海廊桥串联文化公园与商务区，北京故宫地下文物库实现文物保护与现代化管理的结合；浙江省丽水市地下急救医院平时用于放射性肿瘤治疗，战时转为应急医疗中心，体现“平战两用”理念。此类项目通过地上地下协同开发，最大化释放土地价值，缓解城市空间矛盾。

（5）绿色低碳与可持续发展

我国地下空间开发中广泛应用绿色技术，推动“双碳”目标实现。例如：虹桥体育公园地下场馆采用地源热泵与高效空调系统，降低能耗 30%以上；杭州西湖隧道建设过程中同步实施湖底生态保护，减少对自然景观的破坏；地下储气库、粮库等设施利用地下恒温特性，降低能源消耗，如驻马店装配式地下粮仓无须供电即可实现恒温储粮。这些实践表明，地下空间已成为我国绿色城市建设的重要载体。

以上可知，我国地下空间开发以政策为动力、以技术为支撑、以需求为导向，正从“规模扩张”转向“品质提升”，我国地下空间的发展为全球城市化进程提供了独具特色的中国经验。

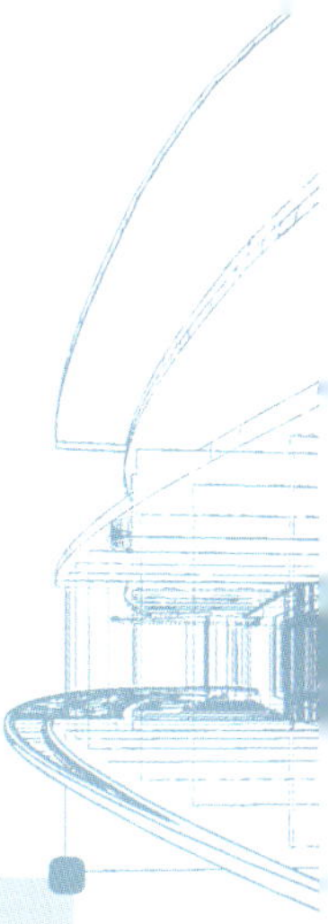

第 4 章
地下空间发展现状及需求分析

4.1 地下空间发展现状及面临的问题

随着城市化进程的加快，轨道交通为主导的地下交通稳步发展，城市交通立体化、网络化程度不断提升；地下综合体持续建设，普惠便捷的公共服务供给不断完善；地下防空防灾设施配置不断优化，城市韧性与防灾减灾能力不断增强。地下空间已成为支撑城市可持续、高质量稳定发展不可或缺的一部分。

4.1.1 地下空间发展现状

（1）建设规模逐年提高、投资总量持续增长

随着我国城市化进程的加速，城市地下空间的建设规模逐年提高。截至 2023 年底，我国城市地下空间已累计建设 32.76 亿 m^2，共有 59 个城市开通城市轨道交通（不包括港澳台地区数据），其中 41 个城市开通了地铁，地铁运营线路总长度 8543.11km。2016—2023 年，城市地下空间的开发主要集中在城市轨道交通、综合管廊、地下停车场等领域，年均增长直接投资规模超过 1.5 万亿元，即使在国际形势多变、疫情防控形势严峻等多重因素影响下，仍保持较快的增长速度，投资总量持续增大。

（2）地下空间主要工程类型逐渐丰富，但仍以地下交通为主

我国地下空间的主要工程类型已经逐渐丰富，包括地下管网、地下市政场站、综合管廊、轨道交通、地下商业、地下停车场、隧道、人防工程等。然而，从目前的开发利用情况来看，地下交通仍然是主导，特别是地铁的建设速度居世界首

位。截至 2024 年 12 月，上海市地铁线路总长度达 1312km（含在建），是全世界地铁总长度最长的城市。

（3）制度体系日益齐全

为了促进城市地下空间的开发利用，近年来我国出台了一系列相关的法律法规和政策文件，2023 年我国颁布有关城市地下空间政策法规文件 91 部，仅次于 2017 年，如图 4-1 所示。这些法律法规及政策文件规定了城市地下空间的开发和利用必须根据经济和科技发展状况、遵循统筹协调、综合开发、合理利用的原则，充分考虑灾害防范、人防保障和通信需求，并将地下空间规划作为城市发展的重要组成部分。这些制度体系的建立，为我国城市地下空间的开发利用提供了有力的保障。

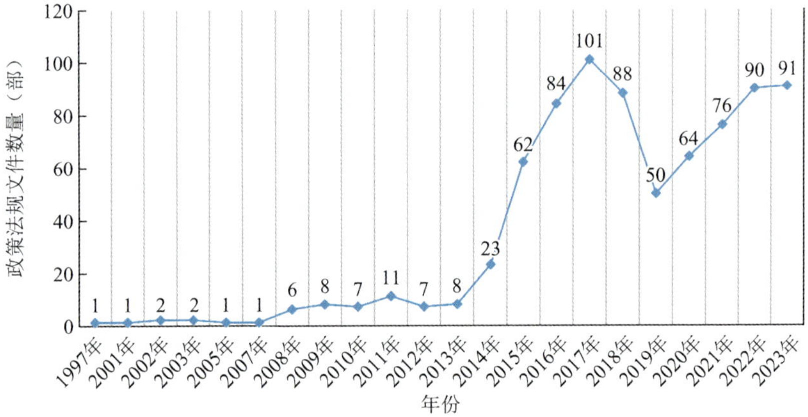

图 4-1　历年中国城市地下空间政策法规文件数量统计

4.1.2　地下空间发展面临的问题

随着地下空间的不断开发利用，一系列潜在问题逐渐浮现。

（1）地下空间开发存在一定的无序性

在新中国早期的地下工程建设中，由于缺乏系统的整体性规划与前瞻性设计，地下空间的开发利用呈现出较为分散和无序的状态。地下空间资源的开发利用尚未形成科学、合理的规划体系，各部门间的协同合作也显得尤为不足。目前城市地下空间开发利用涉及人防、建设、市政、环保、电力、交通、通信等诸多部门，各部门之间对地下空间利用无统一规划，因此，各部门在开发、管理中呈现各自为政的“九龙治水”模式，往往根据其所管辖的范围进行针对性开发。如地铁建设过程往往未兼顾市政管线、通信电缆等功能，导致城市地下空间开发利用成为缺乏长远规划的自由、短期行为。另外这种分散式的管理和无序的开发模式不仅限制了地下空间资源的有效整合与高效利用，还可能为后续的地下空间开发留下诸多挑战与难题。

（2）全国各地区各城市地下空间开发利用不平衡

从空间分布来看，我国城市地下空间呈“三带、三心、多片”的总体发展格局。其中“三带”指的是中国三条城市地下空间开发利用连绵带，分别为东部沿海带、长江经济带和京广线连绵带。“三心”指的是中国三个城市地下空间发展中心，分别为北部发展中心、东部发展中心和东南发展中心。北部发展中心为京津冀都市圈，东部发展中心为长江三角洲城市群（简称“长三角城市群”），东南发展中心为粤港澳大湾区。“多片”指的是以各级中心城市为核心，以不同规模城市群为主体呈多元分布的地下空间集中发展片区。“多片”分别为以成都和重庆为核心的成渝城市群地下空间发展片、以郑州为核心的中原城市群地下空间发展片、以西安为核心的关中平原城市群地下空间发展片。典型特征是区内城市在“十三五”期间发展水平提升较快，通过政府引导和市场力量共同作用推动地下空间发展，城市群中心城市的地下空间发展较领先，逐步接近“三心”城市，而其他城市与城市群中心城市相比，差距仍较大，如图 4-2 所示。

在 2020 年城市地下空间规划中，东部地区凭借多年增长积淀、城市发展的需求以及对国土空间规划要求的积极响应，使得超过 67.8%的项目集中在东部地区，规模较 2019 年增长 9.6%，西部地区规模较 2019 年增长 50%，但东西差距仍然很大。中部地区稳步增长，而东北地区的规模仅为 101.69 万元。

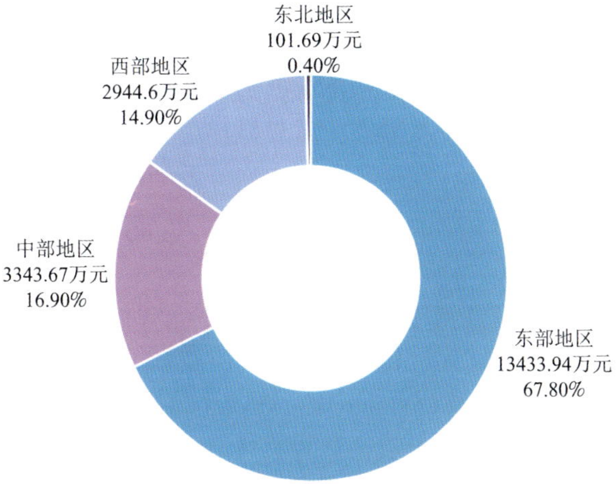

图 4-2　2020 年地下空间规划规模地域分析图

以项目所在地统计，仅山东省地下空间规划市场规模超过4000万元。其次，市场规模超过 2500 万元的依次为江苏省、广东省、浙江省（均为东部地区）（图4-3）。再次，市场规模超过1000万元的依次为江西省和广西壮族自治区。以上六省区的地下空间规划市场总规模约1.46亿元，约占中国地下空间规划市场总规模的73.5%。

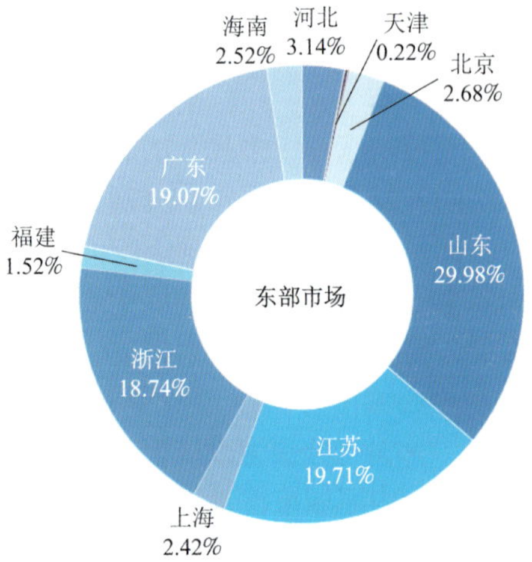

图4-3　东部地区地下空间规划市场规模分布图

（3）地质信息调查研究不充分

城市地下空间的开发建设易受地质结构、地下水体、岩土特性等地质环境因素影响，无论在前期规划设计阶段，还是在后期开发建设、运营管理阶段，都需要有详尽的地质数据作为基础支撑。而目前我国多数城市的地质调查研究还很不充分，地质情况掌握不清，导致地下空间开发受阻。例如，北京、西安、兰州等城市的活动断裂，贵阳、武汉、昆明等城市的岩溶塌陷，上海、苏州、天津、宁波等城市的地面沉降，西安、太原等城市的地裂缝等，都会引起一系列地下空间开发问题。

（4）城市地下空间竖向分层设计不足

我国城市地下空间的开发在近年取得了长足的发展，但由于缺乏对城市地下空间竖向分层等相关问题的研究，特别是一些地下空间开发利用缺少相应的长远需求规划，在地下空间中所处的位置没有合理地进行布局，使得地下空间设施相冲突的矛盾屡有发生。一些先建的地下设施随意占用了一部分地下空间资源，使得后建的地下设施一旦与之发生冲突，就只能往更深的方向发展，造成不必要的资金浪费和开发困难。因此，在进行地下空间开发利用的同时，有必要对其竖向布局进行分析研究，使地下空间的开发能够按照相应设施的功能，以及所处的地域进行有层次的开发，充分保护地下空间资源。

（5）设计标准滞后且各领域不均衡

我国城市地下空间设计标准化工作取得了阶段性进展，但细分领域的标准发展存在数量不均衡的现象。现行标准中地下轨道交通、人防工程等方面数量较多，而地下公共服务空间、地下防灾减灾空间及其他功能地下空间的标准存在着较大缺口。《城市地下空间与地下工程分类》（GB/T 41925—2022）将我国城市地下空间按照功能特性划分为交通、市政公用、社会公共服务、物流、防灾减灾、人防等类型，同时界定了地下建筑、地下工程、地下设施等概念。随着城市化的不断推进，许多城市已将地下空间纳入土地规划，并支持社会资本参与开发利用，地下商业、仓储、物流等方向的标准化工作，也正日益受到各界的瞩目。然而，现实中仍然存在城市地下空间相关标准滞后于地下空间建设发展的现象，一些城市地下空间标准的技术参数也存在交叉重复。随着城市土地资源渐趋紧张，以全局视角进行城市地下空间的规划及开发，并在此基础上加强城市地下空间标准的顶层设计也成为地下空间开发建设的一个重要环节。

（6）极端环境对以后的勘察设计及建造技术提出新要求

随着城市版图的不断扩张，城市地下空间的开发范围越来越大、开发深度越来越深。此外，随着地下空间开发项目的多样化，一些特殊项目，如深海隧道、地下科研设施或极端气候条件下的地下避难所等，可能会面临前所未有的极端环境挑战。这些项目往往位于地质条件极为复杂或自然环境极为恶劣的区域，对工程的建造提出极高的要求。如何准确预测并应对极端环境下的地质变动、如何确保工程结构在极端条件下的稳定性和耐久性，都是需要克服的难题。

4.2 地下空间需求及发展趋势分析

地下空间的发展是一个包含规划、勘察、设计、建造、安全、环保等多维度的综合课题，需统筹协调、各个方面相互配合，才能最大限度地开发，使得地下空间得到科学合理的利用。

工程开发需规划先行，通过科学合理的规划策略，对地下空间的平面布局与竖向层次进行合理而系统的规划设计。这一过程不仅能够有效保障城市地下空间开发的有序性与系统性，而且还能够显著减少缺乏规划而导致的资金浪费与后续开发的难题，进而提升整体的开发效率与经济效益。

随着城市化进程的加速推进，特别是在一些发展较快的城市中，地面以下 15m 以内的浅层地下空间资源已经趋于饱和。因此，未来的地下空间开发势必会向更深层次的地下空间拓展。这一趋势无疑对勘察、设计与建造等环节提出新的挑战。在更深层次的地下空间开发中，如何克服更加显著的土压力与水压力等自然因素，确保工程的安全性与稳定性，成了亟待解决的问题。这将迫使勘察方法、设计理论及建造技术等必须向更深层次、更复杂环境的方向发展，以适应新的挑战。

地下空间开发安全也是一个核心板块。随着经济建设的快速发展和城镇化水平的不断提高，城市地下空间开发利用呈现多样化、深度化和复杂化的趋势，其规模由小到大、结构由简单到复杂、深度由浅层到深层、功能由单一到综合逐步转变。城市地下空间及其内部基础设施在运营过程中面临水灾、火灾等不同类型的灾害威胁，复杂环境下的地下工程活动也可能对既有地下结构带来影响甚至引发风险。因此，城市地下空间防灾减灾已成为当前研究的前沿和热点。此外，新型战争武器（如钻地导弹、精准制导武器等）的进步对传统人防工程提出全新考验，如 1999 年美国轰炸我国驻南联盟大使馆所使用的钻地导弹可深达地下室二层，处于地下浅表层的人防工程显然无法满足现代化战争的现实需要，向“深地、特种人防建设”发展成为城市人防工程的世界性课题。

同时，环境友好型城市对地下空间发展提出新要求。地下空间资源开发利用已经成为推进我国城市低碳转型的重要着力点，是促进国土空间资源复合利用、构建低碳城市的重要支撑。

环境友好型城市已将地下城市空间的开发锁定为未来的发展重点。当前，中国城市正处于高速发展时期，以现在的发展速度，未来势必面临交通、能源、生态等多方面的矛盾。以城市交通为例，道路交通流量的快速增长，使城市道路交通堵塞、停车供需矛盾等问题更加突出。地下空间给各种市政基础设施提供空间，为城市提供安全有效的生命支持系统。同时地下建筑有助于保护自然植被，与地面建筑相比，更大程度地维护了生态平衡。大力发展地下交通、地下物流、地下综合管廊、地下垃圾处理系统等地下基础设施，对整合人类活动、保护城市环境的整体性起着十分重要的作用。合理开发地下空间也是建设环境友好型社会的发展要求。

综上所述，规划、勘察、设计、建造、安全、环保等都是地下空间开发建设必不可少的一部分，应全面理解当前需求，从各个维度深入综合分析地下空间发展趋势，这不仅有助于推动地下空间科学、有序、可持续发展，也为城市规划、土木工程、环境科学等领域的学术研究与实践提供了新的视角与思路。

随着中国新型城镇化的快速推进，城市地下空间将成为重要的战略资源，为推动中国经济高质量增长和推进供给侧结构性改革提供重要支撑，并为未来发展提供持续动力。

第5章 地下空间规划发展趋势及建议

5.1 地下空间规划需求

城市地下空间规划是城市发展的重要组成部分，对于提高土地利用效率、丰富城市功能、实现城市立体化发展具有重要意义。本章从理论、方法、规划平面及规划纵深四个方面对城市地下空间规划需求进行详细论述。

1）理论需求

（1）可持续发展理论：城市地下空间规划应遵循可持续发展原则，充分考虑自然资源的合理利用、环境保护和生态平衡。在规划过程中，应充分利用地下空间资源，减少地面空间的占用，降低对自然环境的破坏。

（2）空间规划理论：地下空间规划作为城市空间规划的重要组成部分，应遵循空间规划的基本理论和方法。通过科学规划地下空间的布局和功能分区，实现地下空间与地面空间的协调发展，提高城市空间的整体利用效率。

（3）地下工程学原理：地下空间规划涉及地下工程的设计、施工和维护等方面，需遵循地下工程学的基本原理。在规划过程中，应充分考虑地下空间的地质条件、水文条件等因素，确保地下工程的安全性和稳定性。

2）方法需求

（1）综合分析方法：城市地下空间规划涉及多个领域和部门，需要进行综合分析。在规划过程中，应充分考虑地质、交通、市政、环保等因素，协调各部门的需求和利益，确保规划方案的可行性和有效性。

（2）定量分析方法：城市地下空间规划需要运用定量分析方法，对地下空间资源进行科学评估。通过收集和分析数据，确定地下空间的规模、功能和布局等参数，为规划方案的制定提供科学依据。

（3）仿真模拟方法：利用仿真模拟技术可以对地下空间规划方案进行模拟和评估。通过模拟不同方案下的城市运行状况，分析方案的优劣和潜在问题，为规划方案的优化提供技术支持。

3）规划平面需求

（1）功能分区明确：在规划平面上，应明确地下空间的功能分区。根据城市的需求和发展方向，合理划分地下交通、市政、商业、文化等功能区域，确保各功能区的相互协调和配合。

（2）交通流线顺畅：地下空间的交通流线应顺畅、便捷。在规划过程中，应充分考虑交通流量、流向等因素，设计合理的交通网络和流线组织方式，提高地下空间的交通效率。

（3）空间布局合理：地下空间的布局应合理、紧凑。在规划过程中，应充分考虑地下空间的地质条件、环境容量等因素，合理确定地下空间的规模和布局方式，确保地下空间的充分利用和可持续发展。

4）规划纵深需求

（1）深度开发：随着城市的发展，地下空间的开发深度将逐渐增加。在规划过程中，应充分考虑地下空间的开发潜力和可行性，制定合理的开发策略和方案，确保地下空间的深度开发。

（2）综合利用：地下空间具有多种功能，应实现其综合利用。在规划过程中，应充分考虑地下空间的多功能性，将地下空间与地面空间相结合，实现地下空间的多元化利用。

（3）安全性保障：地下空间的安全性是规划的重要考虑因素。在规划过程中，应充分考虑地下空间的地质条件、水文条件等因素，采取有效的安全措施和技术手段，确保地下空间的安全性和稳定性。

城市地下空间规划需求涉及多个方面，需要从理论、方法、规划平面及规划纵深多个角度进行综合考虑和规划。通过科学规划地下空间资源，实现地下空间与地面空间的协调发展，为城市的可持续发展提供有力支撑。

5.1.1 地下空间规划发展方向

随着全球城市化进程的飞速推进，城市地下空间规划正成为塑造未来都市面貌的关键力量。未来，城市地下空间规划不再局限于传统的交通、市政等基础设施领域，而是向着更加多元化、智能化、可持续化以及韧性化的方向发展，引领城市向立体、高效、安全的新纪元迈进。

（1）多功能一体化

未来的城市地下空间规划将更加注重多功能一体化的设计。地下空间将成为城市生活的全新舞台，融合交通、商业、文化、娱乐等多元功能于一体。地下商城、地下艺术馆、地下运动场等创新空间将层出不穷，为城市居民提供更加丰富多样的生活体验。

（2）智慧化升级

随着科技的飞速发展，未来的城市地下空间将实现智慧化升级。通过应用物联网、大数据、人工智能等先进技术，实现地下空间的智能化管理、自动化运行和精准化服务。智能交通系统、智能安防系统、智能环境监测系统等将让地下空间利用变得更加高效、便捷和安全。

（3）绿色可持续发展

以应对全球气候变化为目标，未来的城市地下空间规划将全面践行绿色可持续发展理念。通过优先考虑环境承载力和生态平衡，积极采用节能技术和可再生能源，并推广绿色建材的应用，地下空间将与地面空间协同发展，最终构建一个绿色、低碳、循环的城市生态系统。

（4）韧性化提升

随着城市地下设施连通规模的扩大，对灾害应对能力提出了更高的要求。未来的城市地下空间规划将以提升韧性化为目标，通过加强地下空间的防灾减灾能力、完善应急管理体系、提高地下空间的抗灾能力等措施，确保地下空间在面临各种自然灾害和突发事件时能够保持稳定运行，为城市居民提供安全、可靠的生活保障。

（5）政策引领与创新驱动

为了推动城市地下空间规划的发展，政府将发挥更加重要的引领和推动作用。通过制定科学的政策规划、加大投资力度、提供税收优惠等措施，为地下空间的开发提供有力的政策保障。同时，政府还将鼓励创新、支持研发，推动地下空间规划技术的不断进步和应用。

综上所述，城市地下空间规划的发展正朝着多功能一体化、智慧化升级、绿色可持续发展、韧性化提升，以及政策引领与创新驱动的方向迈进。这些趋势将共同塑造未来城市的新面貌，引领城市向更加立体、高效、安全、智能和绿色的方向发展。

5.1.2 地下空间规划范围

（1）平面范围

规划平面范围为城市行政辖区的陆域范围。

（2）竖向深度

规划竖向深度分层（以地表相对高度为0）：浅层（0～−15m）、次浅层（−15～−30m）、次深层（−30～−50m）、深层（−50m以下），如图5-1所示。

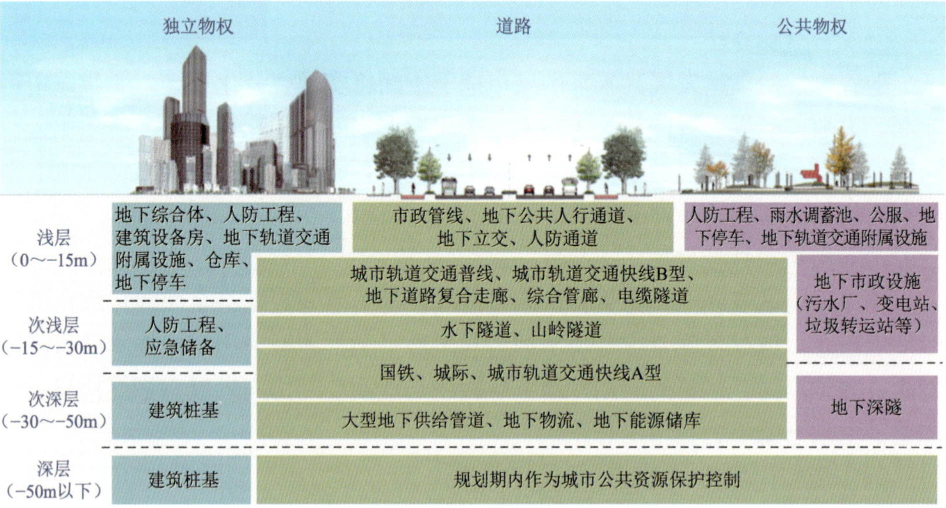

图5-1 地下空间竖向分层示意图

5.1.3 地下空间平面管控

以地下空间地质条件评估为基础，综合考虑生态环境、建设条件等多方面影响因素，将地下空间划分为地下空间禁止建设区、地下空间限制建设区和地下空间适宜建设区。

（1）地下空间禁止建设区

基于自然条件或城市发展要求，区内在一定时期内除必须且无法避让、符合国土空间规划的线性基础设施建设、防洪和供水设施建设以外，原则上禁止利用地下空间。

（2）地下空间限制建设区

应满足特定条件。区内开发利用地下空间前，应分析用地特征，按照有关规定开展相应的地质条件、环境条件及安全影响评估，经论证影响较小且防范与治理措施可行的情况下再合理利用。在项目可行性研究阶段应开展地下空间利用专项论证，明确地下空间利用范围、深度、利用风险和工程技术措施。

（3）地下空间适宜建设区

鼓励地上地下空间协同发展。区内地块下方的地下空间可建设地下停车设施、地下商业服务业设施、地下体育设施、地下文化设施、地下物流仓储设施、平战结合的人民防空设施、地下市政厂站等设施，以及集成停车、商业、文化、体育等多种功能形成地下综合体；区内道路下方的地下空间可建设市政管线和管廊、轨道交通设施、人行通道、商业及服务业设施等。

5.1.4　地下空间竖向管控

由浅及深对地下空间进行竖向管控，实现地下空间资源的分层开发和可持续利用。

（1）浅层地下空间（包括半地下）

合理利用浅层地下空间（0～−15m）。以地下市政管线和管廊、地下轨道交通设施、地下人行通道等为主。

（2）次浅层、次深层地下空间

合理利用次浅层（−15～−30m）与次深层（−30～−50m）地下空间。以地下轨道交通设施、大型市政管线和管廊、地下市政厂站、地下停车设施和人民防空设施等为主。

（3）深层地下空间

审慎利用深层地下空间（−50m 以下）。作为资源能源储备与运输、大型物流通道、大型市政管廊、专用人民防空设施、安全设施等功能空间的预留空间。不具备在浅层至次深层地下空间建设的条件，且符合利用功能要求的地下设施，在完成可行性、必要性等技术论证和风险评估后，可按需求科学合理地利用次深层地下空间。

5.1.5　地下空间布局

1）总体结构

构建与城市中心体系相协调、以轨道交通网络为骨架、以城市公共中心和轨道交通枢纽为核心、以地下空间重点开发地区的立体空间复合利用和互联互通为重点的地下空间总体结构。

2）地下空间重点开发地区

重点地区的地下空间包括交通枢纽、换乘站点（500m 范围内，一般轨道交通站点在 300m 范围内）及公共中心等城市公共功能集中的地区。

（1）总体要求：以城市公共中心、轨道交通车站为核心进行地上地下空间的一体化利用；预控重大设施空间通道并推动同步实施；综合布局地下公共空间、地下交通设施、地下市政公用设施、地下商业服务业设施、地下公共管理与公共服务设施等，推进地下空间的复合化、集约化、网络化和高品质建设。

（2）功能复合：以地下交通设施、地下市政公用设施和地下商业服务业设施为主；鼓励在地下空间适当布局与片区发展定位协调的城市公共服务功能，形成地上、地下空间功能的协调互补；鼓励独立占地的市政厂站（变电站、水质净化厂、垃圾转运站等）因地制宜采用地下化建设，地面宜布局绿地、广场和公共空间。

（3）互联互通：围绕城市公共中心、轨道交通车站等推动片区地下空间的竖向立体综合开发和横向联通开发；鼓励轨道交通枢纽和周边商业服务业用地、文体设施用地、医疗卫生设施用地、绿地与广场用地等形成能够覆盖片区的立体步行网络；因地制宜推动片区地下停车资源共享。

（4）品质活力：各类地下空间的地面附属设施应统筹安排、结合设置，并做好消隐措施；鼓励通过引入自然光和自然通风，提供无障碍措施和清晰的标识系统，增加特色文化元素等手段营造地下空间人性化环境、提升地下公共空间品质。

3）地下空间特殊开发地区

特殊地区地下空间包括水域、绿地、道路、历史地区、轨道线网安全控制范围等。

（1）特殊地区地下空间开发策略需综合考虑地质、环境、安全等因素。

（2）对于水域，要确保环保和地质安全；对于绿地，要注重生态保护和景观设计；对于道路，要优化交通并保障安全；对于历史地区，要保护文化遗产并协调功能；对于轨道线网安全控制范围，要确保安全并整合地下资源。整体而言，特殊地区地下空间开发要在保障安全的前提下，注重环保、文化遗产保护和高效利用。

4）地下空间其他开发地区

其他地区地下空间包括除地下空间重点开发地区、特殊开发地区以外，且无明显地质、生态、环境限制的地区。

对于无明显限制地区的地下空间开发，应注重综合规划，确保与城市整体发展相协调。可以开发地下空间多样化功能，如商业、交通和市政设施，以满足城市需求。同时，优化地下交通结构，提升城市交通效率；营造地下公共空间，增加城市活力；整合地下市政设施，提高管理效率。注重安全保障与可持续发展，确保地下空间的高效利用和城市品质的提升。

5.1.6　地下空间综合防灾

地下空间在抗爆、抗震、防毒防辐射、防风灾等方面具有较强的防护能力。应充分利用地下空间防护能力强、有利于物资储存等优势，衔接地上、地下空间功能布局和防灾设施，建设与地面防灾设施功能互补的地下防灾设施。

（1）地下空间地质风险防控

应重点关注可能引发安全隐患的断裂带、地基承载力、岩溶、地下水、海水入侵、地震液化等地质因素。在地下空间开发利用时，要提前准备好应对风险的措施。

（2）地下空间火灾风险防控

针对地下空间封闭性强、出入口有限、通风和照明条件差等特点，结合地下空间功能布局，宜采用下沉广场等室外开敞空间进行连通，便于通风排烟和人员疏散；宜结合地下人行通道、地下疏散通道设置地下综合救援车道，便于应急救援设备安全快捷通行；地下人行通道应通过设置直通地面的出入口，进行人员快速疏散。

（3）地下空间水灾风险防控

地下空间规划和设计时，应以防洪排涝安全为前提，所有连通口的防水设防高程设计应采用高标准、统一考虑，可结合实际需求增加地下雨水调蓄池，因地制宜开展在深层地下空间建设大规模蓄水设施的探索。

（4）地下空间管线老化破损防控

应定期进行排水管线的检查、诊断及修复工作，定期开展道路和排水管线周边地下空洞的检查工作。

（5）人民防空设施

地下空间应具备及时、快速的平战转换功能。宜将地下交通设施、地下公共空间作为战争发生时的掩蔽场所，综合考虑相应的疏散通道、医疗救护、战时指挥中心、物资库等空间需求。地下空间重点开发地区应结合人民防空设施与地下空间的综合利用，形成地下空间防护空间网络。

（6）地下安全设施

在保障安全的前提下,鼓励通过提升地下空间的复合利用建设地下安全设施。鼓励地下轨道交通设施、地下道路等兼作灾时主要疏散干道，用于物资运输、人员疏散等。在地下空间规划和设计时，可结合人员疏散分析设置地下临时避难空间，作为地上应急避难场所的补充。鼓励地下停车设施等结合人民防空设施兼作地下临时避难空间。鼓励地下仓储、物流设施、地下商业服务业设施、地下公共管理与公共服务设施等灾时作为物资储备空间。

5.2 地下空间规划发展趋势

（1）为实现“双碳”目标，可充分利用城市地下空间设置城市基础设施，利用地下空间的封闭性、稳定性等优势，实现二氧化碳的永久地下封存。在实现碳汇需求的同时节约地面土地资源，发展绿色生态。

（2）通过重构城市垂直空间，不仅可以拓展新的发展空间，还能有效缓解交通压力和碳排放问题。除了大力发展地铁轨道交通外，还应建设地下快速路以分流地面交通，并构建地下智慧物流系统以减少货运车辆的影响。三者协同作用，将有效提升城市运行效率和可持续发展能力。

（3）利用地热为建筑供热制冷，达到生态、经济的目的。通过把传统空调器的冷凝器或蒸发器直接埋入地下，利用传热循环介质与大地和江、湖水源进行热交换，从而提取低温能与水温能。有条件的地方可进一步开发浅中层温泉地热能和深层干热岩地热能。

（4）研究建设深层排蓄隧道解决城市内涝问题，实现对超标准暴雨情况下积水的调蓄和引流排放。

（5）城市地下空间智慧化，加强火灾监控，实现火情的早期预警和及时控制；利用水往低处流的自然特征，建设城市深层智慧排蓄隧道系统，排除城市内涝。此外，搭建供水、排水、燃气、热力等设施感知网络，并构建地面塌陷隐患监测感知系统，实时掌握设施运行状况，实现对地下市政基础设施的安全监测、预警与高效管理。

5.3 地下空间规划可持续发展建议

（1）实现地上、地下空间“一张图”，整合数据。

问题：国土空间规划体系下地下空间的开发尚未整体统筹，利用呈现碎片化，仅有北京、深圳、上海等部分城市出台了地下空间规划设计导则或建设管理办法，且对规划整体性缺乏充分考虑。

建议：以城市为单位绘制地下基础设施“一张图”，统筹协调通信、水电、公用、抗震等数据信息采集，实现地上地下“一张图”，为不同周期的开发、利用打好基础。

（2）完善地下空间规划，制定技术标准。

问题：地下空间的规划粗放且以浅层为主，功能较单一。很多城市地下停车设施较少或尚未开发地下人行通道或因人流、车流而被动开发，地下商业、步行街面临消防、雨水倒灌等诸多问题难以解决；由于缺乏前期规划，已开发的地下空间主要集中在浅层，不仅利用率低，而且也不利于未来深层次开发利用。

建议：全面梳理地下空间规划编制相关技术规范，出台全国性开发利用地下空间的技术标准，编制地下空间规划方案，明确开发功能区对应的开发深度，科学规划浅层及次浅层空间，并弹性预留次深层及深层空间，便于技术成熟后深度开发。

（3）明确地下空间管理职责，统一标准，分层开发。

问题：地下空间的开发缺乏融合性的标准规范。地下空间规划涉及国土、消防、人防、市政等诸多领域，因对地下空间的权、界、用途界定不清，各部门分头管理、审批，导致规划时依据含糊，地下开发也各自为政，资源未形成有效贯通，加剧了资源浪费。

建议：明确地下空间规划、开发建设、运营管理的牵头单位和职能部门。由牵头单位统筹协调分配，规范审批、出让、划拨等管理权属，统一审批职能和标准。完善地下空间开发的日常管理，坚持开发与保护相结合，做到分层开发、高效开发，保证地下空间利用最大化。

（4）完善地下空间法律，明确权益。

问题：地下空间的开发缺乏有效的法律支持，《城市地下空间开发利用管理规定》未界定地下空间使用权，分层确权问题引发建设推进困难，存在开发后得不到产权的问题，严重影响了开发者的积极性。

建议：完善地下空间开发利用的相关法律法规，对于地下空间的取得、转让、抵押等提出明确的法律依据，仿照地上建筑，对分层数量、容积率进行核查，颁发使用权证，对转让、租赁、抵押等行为进行确权，避免因权责不明制约开发积极性。做好地下空间开发用地的招投标、审批、出让、危险性评估等工作。

（5）构建地下空间智慧管理体系。

问题：地下空间的建设和运营管理还面临多头管理与无人管理现象并存，地下空间涉及人防、地铁和市政等多部门管理范畴，多头管理带来的无序呈现常态，制约了地下空间的统一规划建设和运营。

建议：构建地下空间智慧管理体系，提升地下全寿命周期服务保障能力。分级统筹涉及地下空间资源开发利用的国土、人防、交通、水利、电力、建设、通信、测绘、能源、军事、反恐等部门，形成地下资源环境调查、规划设计研制、建设利用保护、运行监测调控、预警应急处理等全寿命周期的智慧化管理体系，支撑数字中国和智慧城市的建设。

第6章 地下空间勘察发展趋势及建议

6.1 地下空间勘察需求

随着城市化进程的加速，土地资源日益稀缺，向地下要空间已成为城市发展的必然趋势。在此背景下，地下空间作为重要的城市战略资源，其开发和利用日益受到关注。而精确、全面的地下空间资源勘察，直接影响着地下空间开发的质量和效益，对推动其科学、可持续发展具有重要意义

6.1.1 地下空间开发的地质环境特征

地下空间的开发建设易受地质结构、地下水体、岩土特性等地质环境因素影响，无论在前期规划设计阶段，还是在后期开发建设、运营管理阶段，都需要有详尽的地质数据作为基础支撑。而目前我国多数城市的地质调查研究还很不充分，地质情况掌握不清，导致地下空间开发受阻。例如，北京、西安、兰州等城市的活动断裂，贵阳、武汉、昆明等城市的岩溶塌陷，上海、苏州、天津、宁波等城市的地面沉降，西安、太原等城市的地裂缝等，都会引起一系列地下空间开发问题。

地下空间开发的地质环境特征主要包括以下几个方面：

（1）地质构造。地质构造是影响城市地下空间开发的重要因素之一。不同的地质构造，如断层、褶皱、岩脉等，都对地下空间的稳定性和可用性有直接影响。例如，断层的存在会导致地下空间的不稳定，而岩脉的存在会限制地下空间的开发深度。

（2）岩土性质。岩土性质包括岩土的物理性质、化学性质和力学性质等，对地下空间的开发具有重要影响。例如，岩土的强度、硬度、韧性等力学性质，会影响地下空间的承载能力和耐久性。

（3）水文地质条件。水文地质条件包括地下水的分布、流动和水质等，对地下空间的开发也有重要影响。例如，地下水的存在会导致地下空间的潮湿和腐蚀，而地下水的流动又会影响地下空间的稳定性。

（4）地震活动。地震活动是影响城市地下空间开发的重要因素之一。频繁的地震活动会导致地下空间的破坏和不稳定。

（5）地质灾害。地质灾害如滑坡、泥石流、地面沉降等，也会对地下空间的开发产生影响。例如，滑坡和泥石流可能会导致地下空间的破坏，地面沉降会影响地下空间的可用性。

（6）地下空间资源。地下空间资源包括地下水资源、矿产资源、地热资源等，这些资源的分布和数量会对地下空间的开发产生影响。例如，丰富的地下水资源可以为地下空间提供冷却和加热的功能，丰富的地热资源可以为地下空间提供能源。

6.1.2 地下空间开发可能诱发的地质环境问题

地下空间是以岩土体为载体，此载体即指城市地下空间的地质环境，其质量优劣直接控制地下空间开发的难易程度，对地下工程的安全和经济起着决定性的作用。城市地下空间开发建设的不同阶段，所诱发的地质环境问题有所不同，主要表现在以下几个方面：

（1）地面沉降。地下空间的开发会导致地下水位的下降，从而引发地面沉降。特别是在软土层和砂层较多的地方，这种问题尤为严重。

（2）地质灾害。地下空间的开发会破坏原有的地质结构，引发地质灾害，如滑坡、泥石流、地裂缝、地面沉降等。

（3）地下水污染。地下空间的开发会破坏地下水系统，导致地下水污染。如果地下空间开发过程中使用的材料或者设备含有有害物质，那么这些物质会渗透到地下水中，从而污染地下水。

（4）地震活动。地下空间的开发可能会改变地壳应力状态，从而引发地震活动。尤其是在地震频发区，这个问题更加突出。

（5）生态破坏。地下空间的开发可能会破坏地下的生态系统，影响土壤生物的活动，从而影响地面的植被生长。

（6）资源枯竭。地下空间的开发可能引起地下资源的过度开采，从而导致资源的枯竭。例如，过度开采地下水可能导致地下水源的枯竭。

（7）沙土的振动液化和渗流液化。打桩施工中，由于强烈的振动，浅层土体中的沙土或粉土有可能产生液化失稳，严重时会出现土体滑坡、涌水冒沙、沉陷或浮起等现象。如上海某越江隧道，在 2 号井开挖施工中，掘破地层中流沙透镜体，导致泥沙涌入井筒，造成重大经济损失。

（8）既有建（构）筑物失稳。城市开发地面工程时大多未考虑城市未来地下空间开发，许多高大的建筑物采用了桩基，如何协调地下空间开发与既有地面工程基础间的关系，是城市地下空间开发不同于一般工程建设的特殊地质环境问题。如不能很好地解决这一问题，不仅影响地下空间开发，还将影响地面已有工程的安全。

（9）有害气体扩散。城市地下空间开发施工突入地下有害气体分布的地层中，可能有害气体入侵，甚至可燃性气体燃烧和爆炸，引起地质灾害。我国东部沿海的大城市如上海、天津，以及苏锡常城市群等处在大江、大河的三角洲上，不仅松散成积层厚度大，地质环境结构、成因复杂，而且还含有沼气、甲烷等气体。这些气体规模虽不大，多呈囊状分布，但危害性较大。

6.1.3　地下空间勘察的需求

前已述及，地下空间勘察是城市地下空间开发的基础工作，它涉及地质、水文、工程等多个领域。勘察结果直接关系到地下工程的安全性、经济性和可行性。随着科技进步，社会发展，地下空间勘察的需求也在不断变化。

对于地下空间勘察的需求将高度依赖于技术创新与城市化进程的同步推进。随着城市地下空间的开发深度不断增加，勘察技术也必然更加智能化、精细化、绿色化和高效化。

（1）高精高效的勘察技术与三维建模

地下空间开发不断深入，诸如深层地铁、地下综合体的建设需求日益增加，传统单一的“钻探 + 物探”地质勘察方式难以满足日益复杂的地质条件。融合多源数据，利用传统勘察技术手段获取的信息，结合无人机航磁探测、激光雷达（LiDAR）和分布式光纤传感，通过精密测量和实时数据采集，精确刻画地下地质环境，获取厘米级分辨率的空间数据，并使用人工智能（AI）技术对地质数据进行自动化分析与解译，提升其准确性。尤其是在岩溶塌陷、断层识别等复杂地质环境下，使准确率达到 90%以上。

（2）绿色勘察理念

随着国家碳中和政策的推进，减少勘察过程中对环境的破坏以及能源消耗，实现“绿色勘察”成了地下空间勘察的重要关注目标。

采用无接触式勘探（如高精度综合物探等），可以在不进行钻孔的情况下获取地下空间信息，从而减少对环境的干扰。此外，在勘察过程中同步评估地下空间的地热资源等相关能源开发潜力，不仅能够为地下建筑提供能源解决方案，还能够促进可持续发展。

（3）建立勘察标准体系与数据共享

目前，地下空间勘察行业的数据格式分散，各部门、各专业之间的协作效率低，导致工程项目的整体推进受限。数据共享和标准化迫在眉睫。

因此，构建智慧城市所需的地质信息云平台，整合多源数据（如国土、环保、城市建设等）实现数据共享成为地下空间勘察需求的重中之重。数据共享不仅能够提升决策的科学性和有效性、加速地下空间勘察开发的效率，更能提升数据的可追溯性与透明度。

地下空间勘察的需求，将不仅仅局限于传统的“数据采集”阶段，而是逐步向全周期智慧服务转型，致力于实现地下空间的智能监控、绿色开发与可持续运营。上述的多模态传感融合、地学大模型和地下资源数字化确权等领域，将成为地下空间勘察未来发展的关键技术路径。

6.2 地下空间勘察发展趋势

6.2.1 地下空间勘察技术现状

我国城市地质工作经历了三个发展阶段：

① 初期的地下水资源勘察、工程地质勘察、环境地质调查、地质灾害调查。

② 20 世纪 80 年代以后的综合性地质调查的转变，标志着城市地质工作内容的扩展和深化，不再局限于单一领域，而是涵盖了城市规划、建设和管理等多个方面。

③ 进入 21 世纪，北京、上海、天津、广州、杭州和南京等大城市成为城市立体地质调查和综合评价的试点城市。通过这些试点工作，建立了城市三维地质模型和城市地质数据库，这对于城市规划、建设和管理提供了重要的科学依据和数据支撑。

此外，随着城市化进程的加快，城市地质工作也越来越重视地质灾害防治、城市地质环境保护以及应对气候变化等新的挑战。通过对城市地质环境的深入研究和评估，能够更好地预防和减轻自然灾害的影响，保护城市生态环境，实现城市的绿色发展和可持续发展。地下空间勘察技术现状如下：

（1）地质勘察技术

地质勘察工作内容包括钻孔取样、地球物理勘察、地球化学勘察等，用于获取地下岩石、土壤、水文等地质信息。

（2）地质信息系统技术

通过计算机技术整合各种地质勘察数据，形成可视化的地质模型，为地下空间规划提供决策支持，如图 6-1 所示。

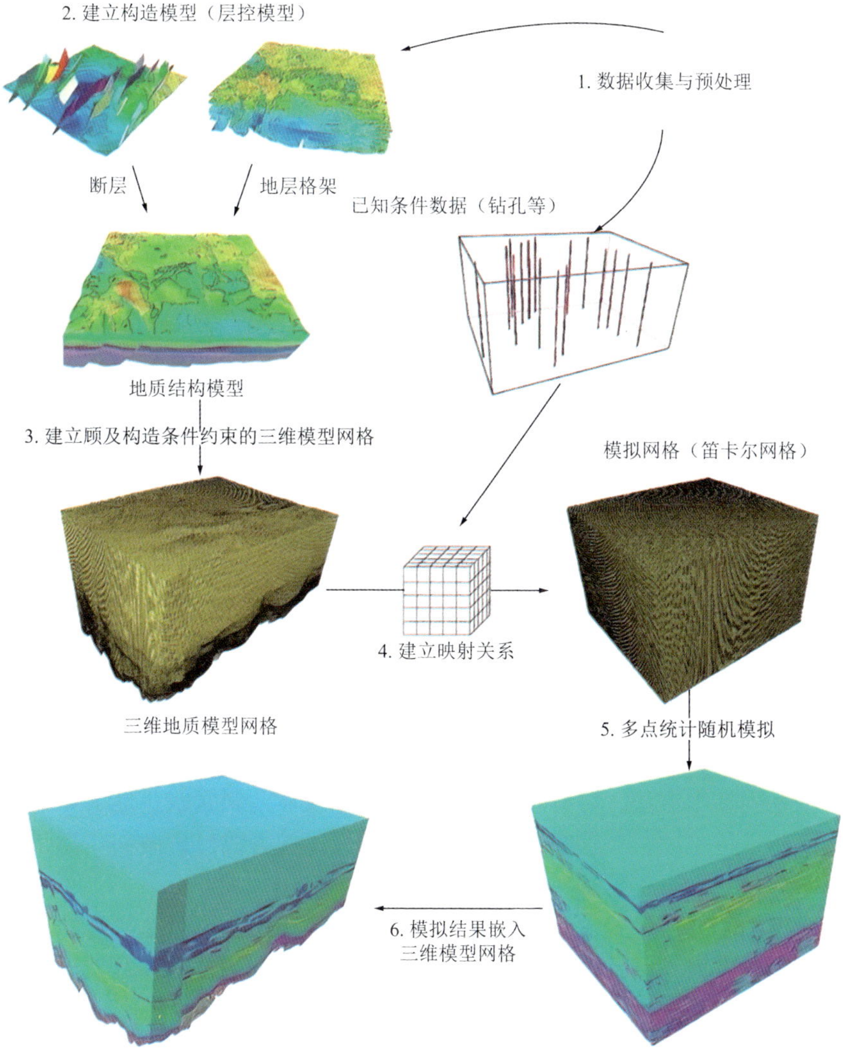

图 6-1　地质信息系统示意图

（3）地质灾害预警技术

通过对地质环境进行实时监测，预测可能出现的地质灾害，为地下空间开发提供安全保障。

（4）地下空间探测技术

地下空间探测技术包括隧道地震波预报（TSP）、地质雷达、电磁波探测、微动探测等，可以对地下空间进行非破坏性的探测，了解其结构和分布情况。针对城市复杂环境下孤石、岩溶等不良地质勘察难题，微动勘探技术具有无须人工震源、抗干扰能力强、探测精度高、场地适用性广等优势，并且能够显著提高小尺度目标体的分辨能力，如图 6-2 所示。微动结合小框源瞬变电磁技术的综合应用，可以实现径深比 1∶10 的分辨率（10m 深可探测 1m 直径的异常体），能够在城市复杂环境下，查明孤石、岩溶等直接影响工程设计、施工的特殊不良地质问题。

a) 无线微动

b) 瞬变电磁探测

图 6-2　无线微动与瞬变电磁探测技术应用

（5）城市深部管线综合探测技术

随着城市建设的不断发展，市政管线规模也在不断扩大，由于管线施工受到城市规划、城市空间、交通、施工难度，以及跨越道路、河流等的限制，分布复杂而难以精确定位，通过综合电磁感应法、示踪电磁法、微动、瞬变电磁、孔中磁法等一系列技术方法，可有效解决深部金属以及非金属管线、地下障碍物的空间精确探测定位难题，对管线进行精确触探验证，使管线位置做到“毫厘不差”。

（6）新兴“空、天、地”勘测技术

前述传统的“接触式”勘测方法在复杂城市环境中勘测无法实施的现状，随着高新技术的发展，以“空、天”为代表的非接触式勘测技术以及“地”类勘测中的新兴技术在勘测工作中起到越来越重要的作用（图 6-3）。

①“空”类勘测技术：高、低分辨率卫片地质解译技术，热红外遥感技术，高光谱、多光谱地层岩性识别技术等卫星遥感遥测技术等。

②“天”类勘测技术：机载激光雷达，航空相片地质解译技术，热红外航空扫描图像，多波段航空图像，高分无人机测绘及勘测技术。

③“地”类勘测技术：地面三维激光扫描技术、等值反磁通瞬变电磁技术、微动探测技术、超深定向钻技术、轻便型动力头式全液压钻探技术及厚–深厚覆盖层综合原位测试技术，这些技术是在工程实践中对常规“地”类勘测技术的创新成果。

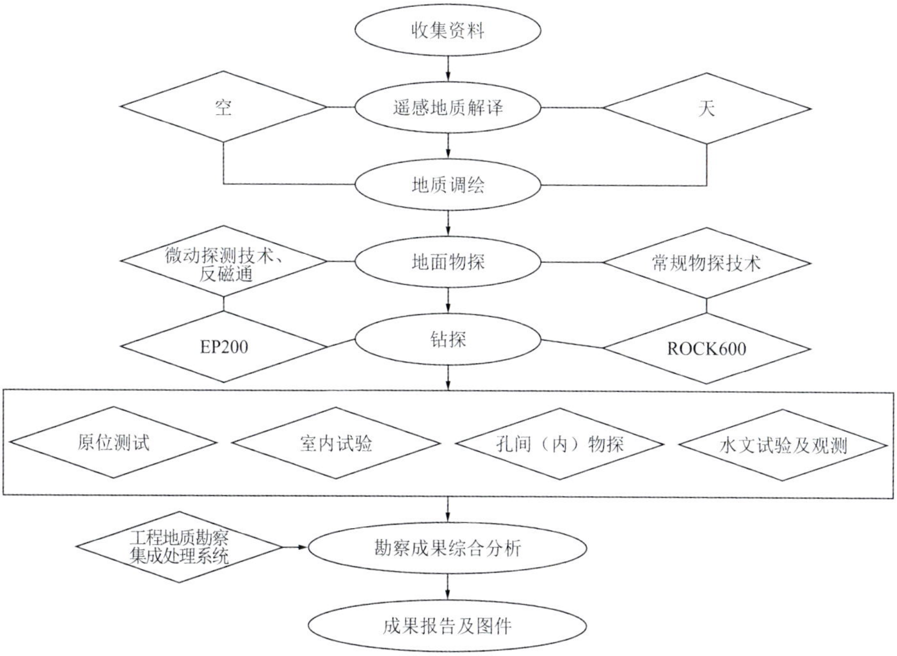

图 6-3　“空、天、地”一体化综合工作流程图

目前，随着科技的发展，地下空间勘察技术也在不断进步和完善。地质勘察技术已经从传统的钻孔取样发展到现在的地球物理勘察和地球化学勘察；地质信息系统技术也实现了从二维到三维的转变，使得地质模型的构建更为精细和真实；地质灾害预警技术也已经能够实现对多种类型地质灾害的预警。总的来说，地下空间勘察技术的发展趋势是向着精细化、智能化、实时化方向发展，以更好地服务于地下空间的开发现实需求。

6.2.2　地下空间勘察发展趋势

随着大数据和人工智能技术的发展，地质勘察数据的处理和分析将越来越依赖于智能化和数字化的技术，这将有助于提高地质勘察的精度和效率。

在城市地下空间地质勘察领域，面对建筑密集、电磁干扰等复杂环境，采用新型主动源，如大陆气枪震源，以提高探测的分辨率和准确性；深入探究深埋地下储能介质与围岩体之间的相互作用机理，以及储能介质的渗漏灾变时空演化机理，为地下空间的安全使用提供理论依据；发展低渗围岩体的多尺度渗透性测试技术，提高对地下空间渗透性的评估能力；通过多种地球物理探测数据，运用数据融合技术和智能算法，提高地下空间结构的识别精度和解释能力。

在地质构造复杂的大型工程中，地质信息众多，面对大量的二维图片资料，普通地质工作者难以全面、准确地理解整体地质情况，难免为工程设计与施工带来困难与失误。而且，地质信息和地质现象本质上是三维的，需要借助三维地质建模和可视化手段，才可能更加直观地分析并解决真实的地质问题。

三维地质建模主要有两个作用：一是为数值模拟提供基础模型；二是用于地下空间开发的整体评价。在之后的城市发展中，将三维地质建模技术运用到各个城市规划研究当中，三维地质建模可以辅助研究城市地下地层展布和断裂构造的分布规律，辅助城市建设规划，规避不利地质条件，深化城市地质信息服务模式与功能研发，提升社会化服务水平。

在地下空间勘察技术发展的同时，相关的法规和标准也会不断完善，这将对地下空间勘察技术的发展起到积极的推动作用。

未来，随着智能化技术的发展、多学科综合勘察模式的推广、信息化平台的建设以及政策法规的完善，地下空间勘察将朝着更加科学、系统、智能的方向发展。这些变革不仅为地下空间的合理开发提供了新的契机，也对勘察技术和管理模式提出了更高层次的要求和标准。

6.3 地下空间勘察可持续发展建议

实行地下空间岩土工程勘察的目的主要在于清晰地掌握地下空间及其附近的岩土状况、物理力学特征等要素，以便为工程的规划、设计、建造、运营和保护提供科学依据和技术保障。

6.3.1 从地质角度出发合理规划开发地下空间

在地下空间的开发之前，须进行详细的地质勘察，充分了解地下岩土层的分布、厚度、物理力学性质等基础数据。

岩性对地下空间的稳定性和耐久性有着直接的影响。不同的岩性具有不同的物理和机械性质，还会影响地下空间的施工难度和成本。比如硬度、韧性、强度等，这些都会影响地下空间的稳定性和耐久性。例如，坚硬、完整的岩石（花岗岩、玄武岩等），强度高，稳定性好，适合作为地下空间的建造材料。而松散、软弱的岩石，如黏土、砂岩等，强度较低，稳定性较差，不适合作为地下空间的建造材料。硬岩掘进和开凿困难，需要消耗更多的时间和资源，从而增加了施工成本。

因此，在进行地下空间的规划和设计时，一定要充分考虑岩性的影响，选择最适合的建造材料和方法，以确保地下空间的安全、稳定和持久。

在摸清地质条件后，才能进行地下空间的规划设计，包括确定地下空间的用途、规模、位置等。在设计过程中，还需要考虑到地下空间的安全性、可用性、可持续性等因素。

6. 3. 2　物探技术与试验相结合

结合地球物理探测技术（地震勘探、电阻率法、地质雷达、瞬变电磁测深法等）和地质试验（钻探、取样、实验室测试等），可以获取更全面的地下信息，包括岩石的物理力学性质、化学成分、空隙和裂隙的分布等，减少地球物理成果的多解性。

同时，验证和补充地球物理探测的结果，可提高其可靠性，为地下空间的设计和施工提供更准确的依据。集成多种物探技术和试验方法，可为构建更加复杂和详细的地下三维地质结构模型开发提供更强有力的支持。

6. 3. 3　研发地质勘察技术手段

2023 年 9 月，第五届地下空间开发和岩土工程新技术发展论坛，聚焦于城市地下空间开发利用中的规划、设计、施工、检测、监测、运维等方面的技术进步。论坛旨在促进地下空间开发技术人才的成长和提高，探讨与交流地下空间开发领域的最新技术、成果和工程案例。这些最新进展表明，地下勘察技术正朝着更高精度、更广泛应用和更智能化的方向发展，为地质勘察、工程施工和资源勘探等领域提供更加可靠、高效的技术支持。

“工欲善其事，必先利其器”。我国现在是地质大国但还不是地质强国，地质勘探工程与科学中的很多关键设备、仪器、软件还依赖进口，这种局面亟待改观。

（1）创建立体勘察技术体系

利用地震和广域电磁探测技术来识别地下岩层的分布情况，打破传统勘探技术方法，实现深部地质体的精准识别与定位探测。

（2）孔探技术

孔探技术作为一种原始且重要的地下空间探测技术，经过技术革新使勘探设备附带高分辨率成像技术、多功能探测模式、数据处理与分析技术、智能化控制与导航系统，以及远程监控与数据共享功能，不仅能提升孔探的性能和精度，还为地下空间探测带来了全新的视角和应用前景。

（3）对地观测系统

该系统利用电磁、微波、激光和重力等穿透性、多维度、高密度的新型透视遥感探测技术，对地球物理空间、内部结构及其演变过程进行综合探测和精细分析。2024 年 3 月，中国科学院空天信息创新研究院正在研制开发新一代对地观测系统“透视地球”。

（4）岩土风险信息化管控技术

针对城市地下工程在土建施工过程中可能发生的支护结构垮塌、周围岩土体坍塌、洞内突涌水等风险，采用地面物探、孔内电子计算机断层扫描（CT）、管波、CCTV 管道机器人、声呐检测等综合物探方法，在施工过程中对地下岩溶、土洞、路面脱空、地下水、给排水管道渗漏、周边建（构）筑物沉降等岩土工程风险进行综合动态管控，并充分运用信息化技术，将建设、设计、勘察、监理、第三方监测、施工等参建单位纳入风险管控平台，通过手机 App 快速发布地下病害预警信息，及时开展审签、会签及治理工作，建立了移动智能化岩土风险管控平台与预警体系，实现参建各方对岩土风险安全的一体化管理。

6.3.4 三维地质建模

运用地、物、化、遥、钻综合手段，开展立体式三维地质调查，推动基础地质调查由传统走向现代，由“二维”走向“三维”，由“单一”走向“综合”。三维地质建模能够更加直观地表现地下空间地质体的复杂结构，明确地表现地质体内部的分布规律。通过对地质信息的测量获取、建立地质信息数据库、确定建模边界并建立断层面、地层面建模与修正，以及建立宏观拓扑关系与封闭地质体等步骤，来实现三维地质建模。

在数据库应用方面，可以将城市地下工程地质数据仓库应用到岩土勘察行业的数据库管理体系中。考虑到数据保密的情况，可以进行局域网的联网，从而可以定期将工作中新产生的钻孔数据资料抽取并存储到工程地质数据仓库中。

在城市钻孔数据应用方面，可以在钻孔数据更丰富完善的情况下，建立精度较高的三维工程地质地层模型，从而通过对模型的切割观察为未来的勘察工作提供辅助参考。将城市大量现有的工程案例按照成功的和失败的分别加载入工程地质数据仓库中，结合三维工程地质地层模型和岩土体可利用性分析体系进行对比分析，能够为相邻地点的工程方案选择提供可靠依据。

我国在 2006 年和 2011 年先后启动深部地壳结构探测、重要成矿带和矿集区、重要经济区和城市群三维地质调查试点项目，使地球表层一定深度“像玻璃一样透明”。贵州省自然资源厅于 2019 年立项，“向地球深部进军”，开展全省地质三维空间战略调查评价工作，建设全省域“玻璃国土”。

借助“玻璃国土”系统，通过深入的数据分析和模型构建，实现对地质体空间形态、结构、属性和关系的准确描述和再现，从而进行基坑支护体系的力学分析和设计计算、土方开挖、基坑降水及基坑支护施工工序等动态模拟。

第 7 章 地下空间设计发展趋势及建议

7.1 地下空间设计需求

地下空间设计的方法研究包括地下空间总体规划、区域地下空间利用规划、站点区域地下空间规划、地下建筑设计、地下环境设计、地下综合体设计、地下街设计、地下空间环境设计、地下空间历史设计、地下空间安全设计、地下空间技术等内容。

（1）地下空间智能化设计需求

我国地下空间发展速度迅猛，设计和审查需求量大，但现有设计方法效率较低且依赖具体设计人员经验，难以满足智能设计和审查需求。人工智能技术、深度神经网络技术等，通过对设计数据、经验知识和规范条文等内容的学习，进而具备优异的高维数据特征提取、方案生成及语言解译能力，代表性技术为基于卷积的生成对抗网络、图神经网络及大语言模型等；通过对地下空间工程设计领域知识的智能学习，智能审查算法掌握规范复杂条文的自动解译和审查能力，以满足建筑结构方案设计阶段的需求，提升设计效率，减少简单重复性工作。同时使用基于 BIM 技术、地理信息系统（GIS）、视频融合技术建立地质信息三维可视化，基于交叉剖面的分区拼接交互建模、平面地质图和实际材料图的地质体自动建模、图形处理器（GPU）与模板的多视点动态剖切技术、时间序列的四维动态分析技术、数值模拟的地下水四维模拟计算及动态预演技术等创新技术，完成地质结构模型的构建以及对地下水的数值模拟和模拟结果的直观、高效展示，如图 7-1 所示。借助现代数字化技术，实现地下工程合理设计。

a) Plaxis 软件模型

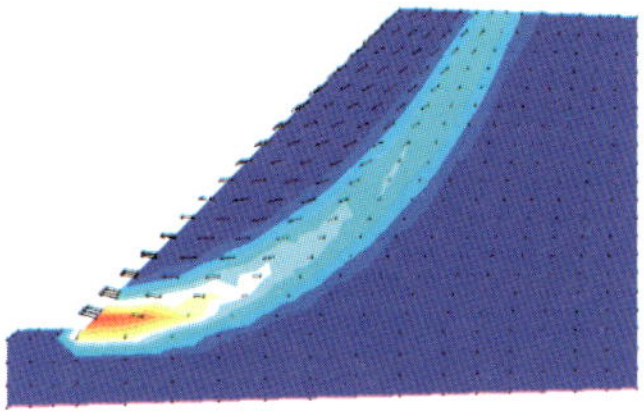

b) FLAC 3D 软件模型

c) THBEM3 软件模型

d) Revit 软件模型

图 7-1　三维可视化信息模型建模技术

（2）地下空间的竖向设计需求

我国城市地下空间的开发在取得长足进步的同时，面临着竖向分层规划不足导致的诸多问题。由于缺乏对城市地下空间竖向分层及相关问题的深入研究，一些地下空间的开发利用显得杂乱无章。特别是一些项目在没有长远需求规划的情况下盲目进行，导致地下空间中的设施布局不合理，相互冲突的矛盾时有发生。具体来说，就是一些先建的地下设施在没有充分考虑后续开发需求的情况下，随意占用了宝贵的地下空间资源，当后续需要建设新的地下设施时，会发现空间已被占用，只能被迫朝更深的方向发展。这种做法不仅增加了建设的难度和资金成本，还可能导致地下空间资源的浪费和不合理利用。

因此，对地下空间的竖向布局进行深入的分析研究显得尤为重要。通过科学合理的竖向布局规划，可以确保地下空间开发能够按照相应设施的功能，以及所处的地域进行有层次的开发。这样不仅可以避免设施之间的冲突，还可保护和合理利用地下空间资源，为城市的可持续发展奠定坚实基础。在地下空间设计中需要综合考虑地下空间的地质条件、交通状况、周边建筑以及未来发展规划等因素，制定出切实可行的竖向布局方案。同时，还需要加强监管力度，确保各项规划得到有效实施，从而推动我国城市地下空间的健康有序发展。

（3）地下空间的整合设计需求

地下空间的综合化开发，要求地下空间分项功能系统内部各设施之间及系统之间进行有机整合，以便更加高效、集约化地利用地下空间资源。在地下空间利用中，应加强地下交通系统内部设施的整合设计、地下市政公用设施系统内部的整合设计，以及地下交通系统与地下市政管廊系统、地下防空防灾系统之间的整合设计。地下空间的整合设计示意如图 7-2 所示。表现在竖向协调、功能复合、建设整合、时序衔接等多个方面，突破以往地下空间分项设施各自规划建设的模式，以使开发的地下空间资源能够得到高效利用，是地下空间开发中的重点及难点。

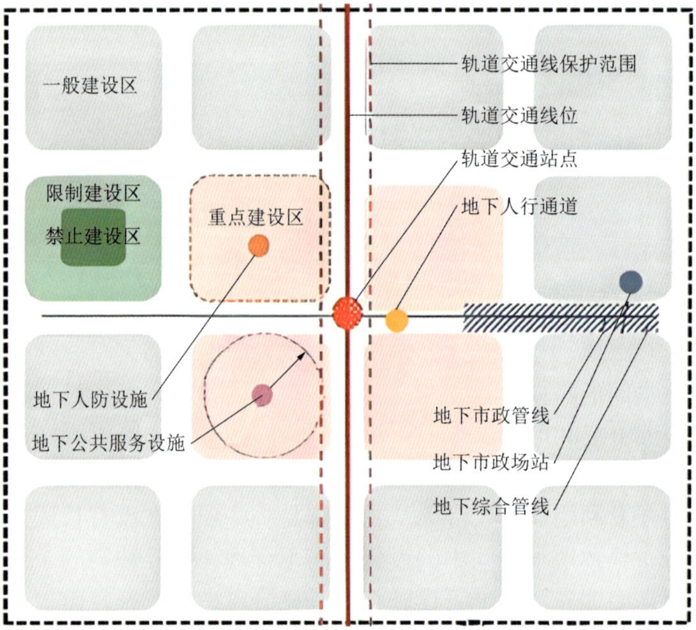

图 7-2　地下空间的整合设计示意图

在地下空间规划中，除对地下空间各分项系统设施进行科学规划外，还须重点探索地下空间各系统设施之间的高效整合开发，以利于资源的更集约化利用，使地下空间系统能发挥更高的效率和更强的功能。地下空间系统整合规划已逐步成为地下空间规划的重要理论创新点。

7.2 地下空间设计方法发展趋势

地下空间开发利用经历了“点状分布自发无系统利用”到“线状分布自发无系统利用”到“地下水道、地铁的初级系统利用”再到“双层城市、垂直田园城市的立体构想”，最终形成“巨构城市、城市基面上下化的立体系统”5 个阶段，见表 7-1。

地下空间利用由二维转向三维，由单纯的地下发展转向地下地上三维综合发展。技术的进步使地下空间的利用突破了地表的限制，借助轨道交通的巨大驱动作用，使能够无限延展的地下空间与地上城市空间混合，实现地上地下立体化发展。

地下空间演变历程一览表　　表 7-1

演变历程	阶段	地下空间 1.0	地下空间 2.0	地下空间 3.0	地下空间 4.0	地下空间 5.0
	特点	地下一个点	地下一条线	地下一张网	地下一座城	未来城市空间
空间形态				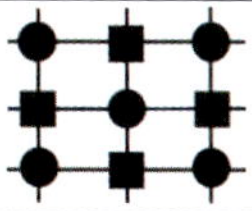	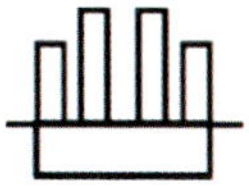	
基本特征		点状分布独立分散互不连通	线状分布通道衔接简单联系	网状分布系统规划互联互通	整体开发空间集约跨界融合	智慧城市数字孪生绿色空间

1）设计思路立体化

城市发展正在从传统的二维平面土地利用转向三维立体空间利用。进入后工业化时代，为应对扩散式发展带来的资源过度消损耗、耕地减少等问题，城市开始由扩散式向紧凑型转变。在此过程中，城市中心区地下空间的综合立体式开发显示出显著优势，成为城市内部更新发展的重要途径。依托轨道交通建设进行的土地开挖，通过立体化设计，可以同步开发商业空间，实现施工建设的一体化统筹（图 7-3），这不仅能大幅降低经济成本，还能将建设对市民日常生活的影响降到最低，成为城市地下空间开发的新趋势，这种模式可有效促进城市空间与环境的和谐发展。

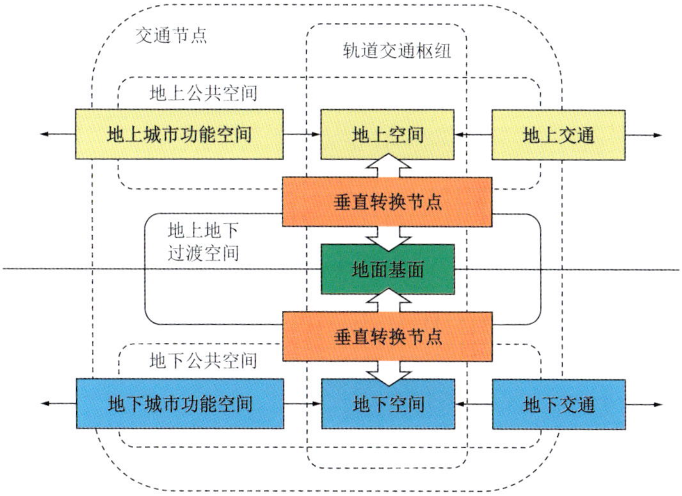

图 7-3　地上地下一体化空间体系模型

2）设计方法整体化

以区域整体开发为核心抓手，实现高密度地区的空间集约化利用，从而形成开放共享、联动耦合和地上地下一体化的立体城市空间。区域整体开发是指对特定区域进行系统性改造、投资、建设与运营的综合开发活动，旨在推动区域经济、社会、文化及生态环境的协调发展。其核心是通过资源整合与功能升级实现地域空间重构，涵盖土地开发、基础设施建设、产业导入及运营管理等环节。较之传统开发模式功能单一、复合程度不足以及公共空间分散等问题，具有项目定位明确、主题功能鲜明、建设时序同步、公共空间形态连续、土地价值最大化，以及公共设施功能互补、无重复施工等优势。区域整体开发流程包括精细化城市设计阶段、总体设计方案及导则阶段、建设工程实施及总控协助阶段以及后评估阶段。此外，作为一种创新性的开发模式，区域整体开发模式与传统设计理念、管控机制、审批模式等底层架构仍存在矛盾冲突的环节。因此需要有关部门和设计人员从思想理念上接受区域整体开发模式，并适时推出相应的配套政策。

区域整体开发流程及要点如图 7-4 所示。

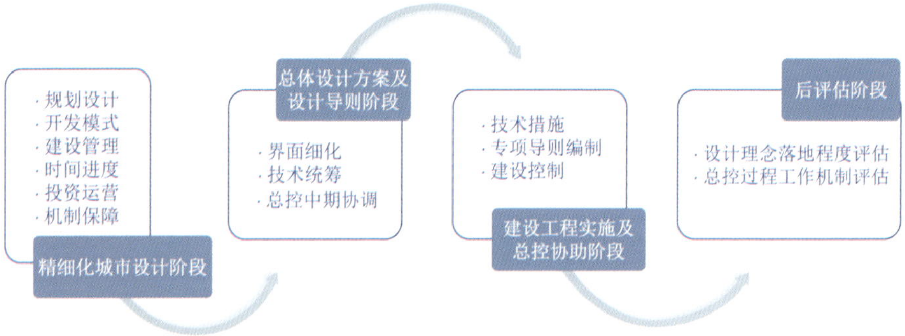

图 7-4　区域整体开发流程及要点

3）设计方式智慧化

未来城市地下空间设计方法的基本特征为智慧城市、数字孪生和绿色空间。这些特征在区域整体开发下地下空间立体城市为“一体”的基础上，通过添加智慧城市和绿色空间概念形成“两翼”，共同构成了未来城市地下空间设计的核心理念，如图 7-5 所示。

（1）整体开发式地下空间设计方法

这种方法强调立体城市的构建，通过整体开发地下空间，实现空间的集约化和功能系统的一体化整合。这种整合不仅提高了空间利用效率，还使得城市功能更加完善，为居民提供了更加便捷、舒适的生活环境。

（2）智慧城市

智慧城市是未来城市地下空间设计的“一翼”，它以前沿科技手段（如 AI、5G 等）对立体城市的运营管理系统进行升维式革新。通过智能化技术的应用，可以实现整体空间的智能化管理，提高城市运营效率，为居民提供更加智能、便捷的服务。例如，在数字智能城市的建设中，空间智能（GI）等技术可以从空间数据中提取信息和知识，并用于管理和设计城市，从而推动城市的智慧化发展。

（3）数字孪生与绿色空间概念

数字孪生作为未来城市地下空间设计的另一重要特征，强调将城市全域的建筑、交通系统、自然环境、基础设施等全部数字化，构建数字孪生体系。这一体系为城市的精细化管理提供了数字基础，通过数据汇聚和人工智能的驱动，可以推动城市由数字化建设向数字化运营转型。同时，绿色空间概念则将系统化绿色理念全方位融入项目的全生命周期（规划、设计、施工及运维），以实现整体空间全流程的可持续发展和以人为本的生态理念。这种绿色理念的应用，不仅有助于保护城市环境，还可提高居民的生活质量。

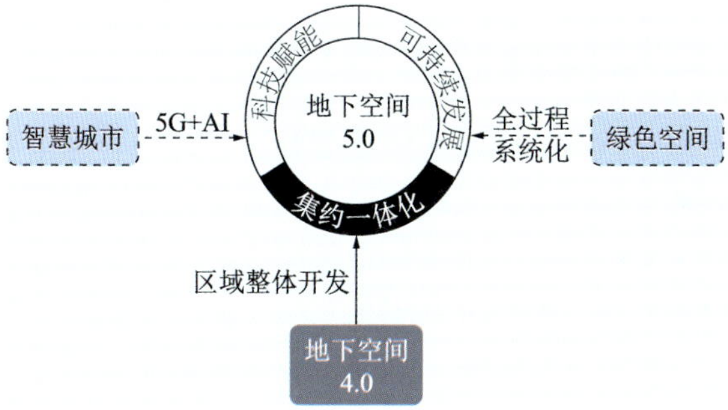

图 7-5　未来城市地下空间设计概念

7.3 地下空间设计可持续发展建议

7.3.1 建立地下建筑结构设计学科，引领发展

通过对地下空间功能演变及研究历史可知：地下空间功能从点、线、网状发展到空间立体化，系统化利用是与城市发展聚集程度、建筑技术手段等方面密切相关的。如今我国已成为地下空间开发规模最大的国家，空间利用方式几乎涵盖了世界上所有的方式。其研究内容包括地下空间总体规划、区域地下空间利用规

划、站点区域地下空间规划、地下建筑设计、地下环境设计、地下综合体设计、地下街设计、地下空间环境设计、地下空间历史设计、地下空间安全设计、地下空间技术等多方面内容，但在其快速发展过程中，系统性不足、规划方法落后、管理制度不健全等深层次矛盾日益凸显，成为高质量发展的瓶颈。

为打破发展瓶颈，我国需要建立完善的地下空间学科体系、整合学术资源、进行学科建设，以促进国际地下空间学科的进步，引领世界地下空间的发展。地下空间学科体系组成见表 7-2。

地下空间学科体系组成 表 7-2

地下空间规划	地下建筑设计	地下空间环境设计	地下空间历史	地下空间技术
规划及设计	地下建筑设计尺度	物理环境（声/光热）	地下居住历史	地下市政技术
管理及法规	安全防火设计	心理环境设计	地下街历史	地下管网技术
策略及经济	设计心理色彩	绿色环境设计	地下文化遗产	地下施工技术
立体空间规划	立体化城市设计	地下城生态环境	地下工业遗产	大深度/规模开挖

7.3.2 完善地下空间分区开发，差异化设计

地下空间功能作为城市功能系统的重要补充，应综合考虑各类功能设施的地下空间适宜性与地区发展特点，采取差异化的布局模式。根据各类功能设施的地下空间适宜性，地下交通、地下市政、地下防灾减灾等基础设施可优先进行地下化建设。地下商业服务业、地下公共管理与公共服务、地下仓储等功能设施较适宜进行地下化建设。住宅、污染环境和劳动密集型的工业厂房、敬老院、托幼园所、学校教室、青少年宫、儿童活动中心、老年活动中心等人员相对密集、环境要求较高的功能设施不宜进行地下化建设。城市中心区、商业中心区、城市重点功能区等公共活动密集、建设强度高的地区，是地上地下空间一体化建设的重点地区，宜通过地下空间的互联互通建设舒适便捷的地下公共活动空间，填补公共服务设施缺口，改善地面环境品质。

随着轨道交通的快速建设，轨道交通沿线地区是推进土地资源集约高效利用的重要地区，应结合轨道站点分级及地上用地功能布局，明确轨道站点与周边地下空间的连通要求，构建集轨道换乘、地下过街、公共服务、防灾安全于一体的地下公共空间网络。涉及大型公共服务设施、市政交通设施、防灾安全设施建设的地区，应综合考虑用地布局、技术可行性、环境影响等因素，有序推进设施地下化建设，在提高地区设施服务水平的同时，提升地面的环境品质，消除邻避效应。

历史地区是历史文化保护与城市发展矛盾较为突出的地区。在历史地区，文物和地下文物埋藏地区不宜开发地下空间，但同时也应认识到地下空间的合理开发利用可以弥补公共服务、基础设施的空间不足，在不影响地区历史文脉的基础上，可提升地区公共服务水平、缓解地面建设压力。在老城区，可结合局部地块改造，同步建设地下便民服务设施、文体设施、社区宣教等公益性地下空间；结合道路改造建设地下综合管廊、市政场站等市政基础设施；限制开发地下大型商业设施、大规模地下停车设施。历史文化街区与风貌协调区内的地下空间开发利用应遵循小规模、渐进的原则，以历史价值评估为基础，在保护有价值历史信息的同时，合理利用地下空间，满足居民的生活需求。

在城市集中更新地区、城市新区，有条件通过先地下后地上的建设模式，推进地下交通、市政、公共服务、防灾安全等各项功能设施的统筹建设，实现多维、高效的立体化城市空间布局。其中，图书馆、博物馆、体育场（馆）等大型公共服务设施、商业设施、行政办公设施及部分科研教育设施适宜进行地下空间建设，并与地上空间建立便捷联系。变电站、换热站、污水处理厂、再生水厂、垃圾处理等市政设施在满足相关技术及环境安全要求的情况下，可通过地下化避免邻避效应。过境交通、停车场、公共交通场站等交通设施应有序推进地下化，缓解地面建设压力，减小环境污染。大型人防设施、重要数据存储中心、储水设施、物流设施等宜结合地下空间的防灾特性，在深层地下空间布局，以保障设施的安全运行。

如图 7-6 所示为南京江北新区中心地下空间项目，该区域对地上地下进行了一体化的开发分区，将多种城市功能融于一体，包括地上的商业、办公、娱乐功能及地下的轨道交通、公交枢纽、地下快速路、地下步行通道、地下停车库、地下商业娱乐等功能。

图 7-6　地下公共服务设施的多元整合（南京江北新区中心地下空间项目）

7.3.3 发展面向地下空间的人工智能设计方法

目前，人工智能设计方法主要包括数据驱动和基于机器学习的两种方法。数据驱动的建筑设计方法是利用大数据和数据分析技术，基于现有的建筑数据进行建模和预测，从而支持智能化的建筑设计决策。基于机器学习的建筑智能化设计方法是通过学习和分析大量的建筑数据，自动化进行智能化建筑设计。目前，建筑业数字化程度与智能化程度还相对较低，在设计方面，地下空间的设计方法重度依赖工程师经验，主要通过计算机辅助建模、计算分析，重复不断地进行调整、计算，最终形成一个较为经济合理的结构设计方案。这样的设计方法自动化程度低、效率低，难以满足方案设计阶段的高效需求。建筑结构设计行业亟待自动化、智能化的升级和转型，提升设计效率与数据重复利用水平，让工程师把有限的时间用在方案的合理性、经济性提升上，从而孕育更加先进的结构设计理念，让设计回归其核心价值，才能维持“中国工匠”的世界一流口碑，我国地下空间建设才能得到长足发展。

7.3.4 制定城市地下空间分层设计标准，统一规划

制定城市地下空间分层设计标准，并实现统一规划，是提升城市综合效能、促进城市高质量发展的重要手段。城市地下空间作为城市发展的重要资源，具有扩大城市容量、提高土地集约化利用水平、缓解交通和环境压力等多重功能。为了科学合理地开发利用地下空间，必须制定明确的分层设计标准。这些标准应基于地质条件、使用功能、安全环保等因素，将地下空间划分为不同的层次，如浅层、中层和深层，并优先安排不同类型的地下设施。例如，浅层可以优先用于建设地下商场、地下车库和地下通道等，而中层和深层则可以用于轨道交通、地下管廊和深层储能等设施的建设。

同时，统一规划是实现城市地下空间高效利用的关键。在制定规划时，须充分考虑城市发展的需要、地质水文条件以及环境保护要求，确保地下空间的开发利用与城市整体发展相协调。规划应明确地下空间的开发时序、开发强度以及各类设施的布局要求，以实现地上地下一体化布局。此外，规划还应注重公共利益的优先保障，加强城市地下空间的安全韧性建设，确保地下空间在应对自然灾害和突发事件时能够发挥重要作用。

目前，为了合理开发城市地下空间资源，适应城市现代化和可持续发展的需要，国家及地方政府已出台了一系列相关政策和规定。这些政策和规定中明确提

出了城市地下空间分层设计标准和统一规划的要求。例如,《城市地下空间开发利用管理规定（2011 修正）》中强调，城市地下空间的开发利用应贯彻统一规划、综合开发、合理利用、依法管理的原则。《自然资源部发布的关于探索推进城市地下空间开发利用的指导意见》（自然资发〔2024〕146 号）也要求围绕强化规划引领等方面，建立健全城市地下空间开发利用政策体系，建议各地组织技术力量制定“地下空间竖向建设指南”，为城市地下空间的分层利用提供技术支持。

第 8 章
地下空间建造发展趋势及建议

8.1 地下空间建造需求

随着我国国民经济的发展、科学技术水平的提升，以及国内城市化发展进程加速，一系列“城市病”日益凸显，如人口膨胀、空间饱和、交通拥堵、环境恶化、历史风受损及基础设施与防灾能力不足等。单纯的地域扩张模式已无法满足社会发展的需求，土地集约高效利用的发展理念深入人心，推动城市建设向地下延伸成为必然趋势。城市地下空间的合理利用对于改善城市环境、建设宜居城市、提升城市综合承载能力具有重要意义，其已成为推动中国新型城镇化、大型现代化城市再造、城市可持续发展的关键保障。因此，如何在这一过程中，应用科学高效的建设技术，构建适应城市发展需求的地下空间综合体，成为当前亟须研究的课题。

近年来，我国地下工程建设迅猛发展，为我国地下空间开发奠定了坚实基础。然而，随着我国城市规模的不断扩大，市政管线、地铁、地下开发日趋增多、网络化趋势日益明显，富水区、狭小空间、超深地下空间、地上地下的复杂结构对城市地下空间建造技术提出了更高要求。使得我国地下工程建设面临诸多挑战：施工环境复杂、施工空间受限、深层开发经验欠缺、信息化施工水平不高，以及对环境的影响等。因此，亟须提高地下工程建造技术，以适应迅猛发展的工程需要。

（1）狭小空间建造技术需求

随着我国城市化进程的不断加速，城市建设的步伐也日益加快，城市交通建设更是成为推动城市发展的重要动力。然而，随着城市空间的日益拥挤和土地资源的日益紧张，施工过程中越来越多地面临狭小空间施工技术问题的挑战。

在繁华的都市中，高楼大厦鳞次栉比，道路纵横交错，城市空间被各种建筑和设施紧密占据。施工团队在推进交通建设时，经常需要在狭窄的街道、繁忙的十字路口等狭小空间内展开作业。这些狭小空间不仅限制了施工设备的进入和操作，也对施工技术的精准性和高效性提出了更高要求。

此外，国内旧城区普遍已有几十年的发展历史，早期建设普遍缺少规划，管线敷设随意性大，城市地下空间建设往往面临着技术复杂、与地铁共线、邻近周围建（构）筑物、下穿既有铁路与道路、多水系等施工净距小、复杂边界条件及狭小空间建造技术问题。这些复杂的边界条件和狭小的施工空间，给地下空间的施工带来了极大的难度。

狭小空间施工技术问题的存在，不仅是对施工团队技术和能力的考验，也是推动城市交通建设不断进步的重要动力。小空间的建造技术需要满足一系列特定的需求，确保施工的质量、高效及安全。特别是在邻近现有建（构）筑物的狭小空间中进行施工，如何降低对周围环境，包括邻近的建筑物、错综复杂的管线网络、繁忙的交通道路等结构的影响，是一个既复杂又重要的问题。

（2）高水压、深地下空间建造技术需求

城市发展空间由地面及上部空间向地下延伸，是世界城市发展的必然趋势。地下空间是解决“城市综合征”的有效途径，对城市的发展具有不可替代的作用。地下空间的开发和利用主要分为以下几个阶层：

浅层空间（0～−15m）：主要为市政管线、管廊、地下商业综合体、建筑基础等。此范围地下空间建造方法主要为明挖法、盖挖法等。

中层空间（−15～−50m）：主要为地铁、建筑深层基础、特种工程等。此范围地下空间建造方法主要为暗挖法、盾构法等。

深层空间（−50～−100m）：危险品深埋地下处置库、能源储备、远期开发。

超深层（−100m 以下）：化学废料储存、地下武器库等。

图 8-1 为地下空间开发示意图。

目前很多城市浅中层地下空间开发利用已趋于饱和，对深层地下空间的开发利用已经成为热点。各城市也在地下空间规划中对地下空间的层次和深度做了相应的划分，近、远期的发展规划向深层地下进发是城市土地资源进一步扩张、功能拓展以及城市环境改造再生的必然趋势。

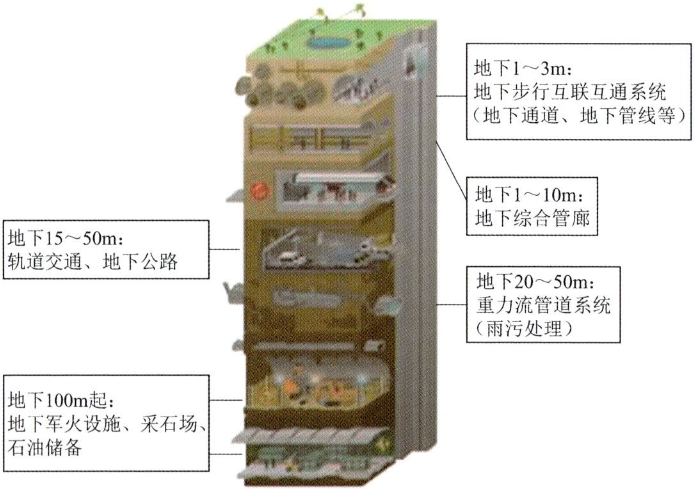

图 8-1　地下空间开发示意图

但是深层地下空间往往具有更强的“高应力、高水压”极复杂地质条件和极强构造活动区等极端条件，易发生突水、突泥、围岩塌方、岩爆和大变形等灾害。在深厚含水不稳定土层、微孔（裂）隙高压富水岩层、高应力破碎岩层、强烈构造活动区岩层等极复杂地质与水文地质条件下建造地下工程，是极具挑战性的世界难题。因冻结法适用性广，迄今为止在深厚不稳定土层和深厚富水复杂岩层中，大部分工程须采用冻结法建造。

地下工程建设能力不足、服役寿命不长、智能化水平不高、环境感知与调控不精细等重大问题成为制约深层地下空间工程建造运维的瓶颈。鼓励与支持超大规模、超深层次、超大水压地下空间开发利用相匹配的系列重大关键技术的研究成为发展的方向。这些技术包括但不限于超深土层智能冻结技术、超深地下空间智能建造技术、超深地下空间智能探测堵水技术、超深层地下空间安全与防灾技术等。通过这些技术的研发和应用，可以更好地解决深层地下空间开发利用过程中遇到的各种技术难题，确保地下空间的安全、高效和可持续发展。

（3）信息化施工建造技术需求

随着城市化进程的加速和基础设施建设的不断推进，地下工程建设已成为现代城市建设的重要组成部分。然而，由于地下工程建设的特殊性质，其施工难度大、风险高、安全性要求高等问题，给信息化施工带来了巨大挑战。

目前，我国地下工程信息化施工应用程度不高，大多数施工单位仍然采用传统的施工方式，缺乏信息化施工的意识和技术支持，导致施工效率低、质量难以保证、安全风险高等问题。数据不互用，数据孤岛和数据交换难现象普遍存在。

参与各方在不同的应用程序和平台上重复输入数据，造成巨大浪费，信息共享、协同工作、全产业链等程度不足。

地下工程信息化施工技术相对于其他领域还比较落后，缺乏成熟的技术标准和规范，同时也缺乏相关的软硬件设备和技术人才，使得信息化施工难以实现全面覆盖，限制了其发展。平台、软件不成熟，信息化落地应用无不以软件为基础和支撑，市场上软件种类繁多，软件不够成熟，软件功能满足工程任务的程度还较低；不同软件之间的数据共享程度不一、方法不同、掌握困难；平台软件与工具软件相比成熟度更低。

地下工程信息化施工管理不规范，缺乏统一的管理标准和流程，缺乏完善的管理系统，导致信息交流不畅，信息共享不足，信息化施工的效果难以发挥。未形成有效推广的大系统集成技术，以单一或若干专业信息化应用为主，且大部分应用于辅助建设。尤其是融合物联网的集成技术应用较少，基础数据仍大量依赖人工输入。

因此，加强数据集成与处理、促进信息传递与共享、完善信息化施工管理系统，加强智能建造技术的深入研究显得尤为重要。这些方面不仅是地下空间开发的关键技术支撑，更是推动行业进步和持续发展的核心动力。

（4）绿色施工需求

在城市既有城区环境条件下挖掘和建设地下空间，存在对周围岩土体的扰动。这种扰动会引起岩土体变形，影响地表建筑和已有的管线设施；还会引起地下水的水位和水质变化。另外，挖掘和建设地下空间产生的振动、噪声等还会对周边环境造成影响。

地下工程施工是在岩土体内部进行，无论其埋深大小，施工不可避免地对岩土体产生扰动，使其失去原有的平衡状态而向新的平衡状态转化。其宏观表现为岩土体移动与变形，可能导致地面沉降和塌陷，甚至造成道路的路面破损、地下已有管道破坏以及建（构）筑物的损坏。

地下水作为岩土体赋存环境的重要因素，对岩土体的变形和破坏、地下工程的稳定性和周围建筑设施的安全具有显著影响。在地下工程建设中，常需要采用降水措施以疏干工作面，这会改变地下水的分布、补给、径流和排泄条件，进而影响岩土体的渗流特性。地下水与岩土体在地质环境中相互作用，并在时间和空间域内持续改造，使地质环境始终处于动态调节状态。一旦这种调节达到极限，地质灾害便可能发生。

地下工程建设过程中，为改善土体的强度和抗渗能力，还需使用到各种化学注浆，这可能会造成地下水的水质污染。施工产生的排水、洗刷水、冻裂漏水、施工机械漏油和废浆通过岩土层孔隙裂隙渗漏，可能会对地下水水质造成影响。地下水的水化学条件会因地下工程各种施工废水的随意排放而发生变化，如地下水的物理组成或化学成分、微生物含量等，也可能导致水质的恶化和水污染的加剧。

8.2 地下空间建造技术发展趋势

随着信息科技快速发展，物联网、人工智能、5G 移动通信和机器人等信息化技术与城市地下空间工程建造技术的全方位深度融合，是城市地下空间未来技术发展的总体趋势。城市地下空间建设将由“功能为主”向“创新、协调、绿色、开放、共享”的全新建设理念转变；管理向人本化、信息化、智能化、精细化方向发展；开发建设向网络化、深层次、立体化、规模化、大空间方向发展；探测技术向大探深、抗干扰、高精度、全要素的探测方法及装备方向发展；最终实现地质信息透明化、地下环境生态化、规划设计科学化、空间建造品质化、运维管理智能化。随着装备制造技术和施工建造技术的进步，地下空间的建造成本将不断降低，地下空间的资源潜力将不断被释放，并向着埋深更大、空间更立体、功能更完备、环境更舒适的方向发展。

（1）工法多样化、构件标准化

随着科技水平的不断提高以及工程建设中新问题的不断出现，工法技术也不断地进行着完善和发展。在面对大断面、小空间、小净距、复杂边界条件时，施工工法由传统的单一工法，不断向创新工法、组合工法发展。

地下工程建设中往往不只需要一种工法，而是结合地下空间的开发及周边环境的变化采用多种工法组合，针对不同环境选取更经济、更安全的建造技术。同时，随着地下空间的不断开发，传统的建造技术已不能满足工程建设的需求，尤其在面对狭小施工空间时，考虑空间本身的局限性，需要结合实际环境的变化开发研究新型建造技术，提高工程建设效率。在狭小空间中进行挖掘或钻孔时，需要使用微型挖掘机和微型钻孔机等工具，这些工具能够在有限的空间内灵活操作，减少对周围环境的干扰。

此外，大型断面隧道掘进设备的研制与成功应用，奠定了大型断面地下工程盾构法建造技术的基础，更大尺寸断面地下工程采用盾构法、顶管法、沉管法等建造将成为未来建设的主要发展方向。目前，适用于大断面的单体或联体隧道掘进机，适用于超前支护或结构预筑的小断面掘进机，适用于软岩、碎岩、软硬不均、富水地层等不良地质类型的隧道掘进机，以及适用于新型支护结构的隧道掘进机等的应用将越来越多。此外，采用不同工法的组合，综合考量项目特点，整合不同工法，扬长避短，可实现工程施工效益最大化，如盾构法＋新奥法扩挖、盾构法＋明挖法扩挖、明挖工法＋箱涵顶进等。

除了工法的多样化，为满足地下工程日益快速发展，设备构件标准化，装配式结构应运而生。与地上结构相比，地下结构在设计、施工中如何解决地下工程建设中的速度、质量和效益问题成为地下工程关注的焦点。对于狭小空间，采用预制装配式技术可以降低现场施工的复杂性，显著提高施工效率，是当代建筑技术发展趋势之一。标准装配式地下结构具有制造节能、施工快、质量好、现场施工作业量小、建筑垃圾少、工地噪声小等特点。采用模块化设计，便于转场；采用管线快速接头，加快工序转换，可有效提高建筑质量、提高生产效率、降低成本、实现节能减排和保护环境的目的。

构件预制化是装配式的一个显著标志，它是加快修建速度、提高工程质量的有效办法。采用预制构件不仅可以减少现场施工的复杂性，还可缩短工期、降低成本并提高地下工程施工的工业化程度，尤其对改善地下工程施工环境更为明显。因此，为顺应当前地下空间建设高潮的大好形势，开展地下工程的标准化建造关键技术研究有着显著的社会和经济效益。

（2）工艺深层化、施工机械化

经过多年快速城市化进程和地下工程的高速发展，中国地下空间施工技术有了显著提高。尤其是近年来，大量代表性的地下工程项目克服了微变形、小间距、大断面、大埋深、高精度、长距离、超大规模等技术难题，在近接施工和辅助施工技术方面均取得了较大突破，创新了地下工程建造技术。

在地下工程的建设施工过程中，通常会遇到各种地下管网或者构筑物，传统的设计方法通常是将新建的结构纵坡进行加大，随着地下空间的不断利用，这种方法往往使地下结构的埋深不断增大，从而需要更深层的地下空间建造技术。因此，超大断面盾构设备与掘进技术、深层地下空间建造技术、超深地下连续墙、钻孔灌注桩施工技术、超深基坑降水和承压水控制技术、超深地下空间逆作法取土技术、深埋地下结构防水技术等的研究和应用成为未来发展的趋势。

随着地下空间的开发，地下结构的纵横上下交错难以避免，上跨、下穿或者近距离穿越既有地下工程将成为发展的必然现象。如何通过更先进、精确的机械设备减小新建地下结构对既有结构的影响将成为建设的重点，机械化建造技术也将成为未来地下空间建造技术的发展方向。为将传统“一人一镐”单一型建设模式向机械化施工模式转变，缓解目前劳动力紧缺与劳动成本提升带来的问题，则必须坚定不移地走机械化发展道路。近年来地下工程机械化施工技术得到了快速发展，由此也将带来工法的进一步改进与提高。

在城市既有城区环境条件下挖掘和建设地下空间，既要不影响或少影响地面的正常使用功能、有效地保护周边环境安全，又要具有文明、环保的施工现场，做到真正的快速绿色施工，机械化建造是一种最适合的方式。它区别于传统地下工程中分散的、低水平的、低效率的手工业生产方式。地下工程机械化建造，即通过现代化的制造、运输、安装和科学管理的生产方式，来实现地下空间开发利用等一系列地下工程活动而进行的一种建造形式。随着城市化的不断发展，地下结构工程逐年增多，例如单建式地下车库、综合地下商业开发、隧道工程以及地铁车站等的建设，也将采用更先进、精密设备以取代人力劳动。

（3）智能化、信息化程度加强

现代人工智能、自动化机械技术的快速发展以及各个领域的广泛应用，为地下空间建造智能化施工提供了实施基础。智能化施工是地下空间智能建造水平的综合体现。智能化发展要以数字化资源为核心，以信息化管理与智能化施工为主要方法，同时辅以现代化监控测量手段，从而实现全方位的智能理念。

运用基于网络的地下工程施工可视化分析管理系统，建立工程施工的三维数字化模型，并采用智能设备，以实现数字化施工。通过三维可视化的全方位视角进行可视化交底，可规避错误施工和返工风险，提高施工效率。如珠三角水资源配置工程项目通过基础设施智慧服务系统进行智能施工安全管控，系统基于多源地质信息建立海底盾构隧道地质模型，并利用地质统计学方法对断层破碎带地层位置进行预测，实现了工程数据管理、数据可视化、智能施工安全管控等功能。

将无人机、三维激光扫描仪、机器人、光纤传感及图像处理等监测技术应用于地下空间监测中，对地下工程自动化监测区域进行云数据采集，可缩短数据收集的时间，有效实现数字化监测。特别是对于大型复杂工程项目，利用数字化技术可实现对施工诱发的地面变形、围岩变形等进行实时监控，对工程及时准确预警。如深圳市轨道交通 2 号线地铁隧道自动化监测项目，实现了三维激光扫描仪在隧道变形监测中的应用。

结合大数据、云计算、智能识别、地球信息技术、人工智能、BIM 技术、虚拟现实（VR）技术、可视化管理技术，采用数字化管理平台对地下管线、地下管廊等地下空间进行数字化管理，可实现地下空间的智能韧性运维和可视化管理，提高运维数据管理的效率。依托 5G 技术带来的“物联网感知设备”和“高清低延时视频传输技术”，可实现对地下工程危险的空间分析及预测，有效保障地下工程的安全运维。如深圳南山高新公寓包括 3 幢 62 层、3 幢 44～45 层住宅楼，开展了群桩全寿命周期智能感知与预测，并基于光纤传感器和物联网技术对桩基础的建设和运维进行了全寿命周期监测。

通过多维度、多方向、多模式、动态等全域感知与回馈、递进校正寻优求协同。首先是施工装备的智能化，包括状态与能耗两方面；其次，依靠大数据自动采集和比对等深度学习与云计算，使岩土物理力学性质与原位感知数据协同吻合；最后，通过工作面与围岩全域感知获取的数据来反映岩土物理力学性质。采用无人机、机器人、三维激光扫描、光纤传感等技术对大型岩土工程进行监测，运用大数据、云计算、GIS 配合 AI 建立监测管理系统，对工程进行全过程管理并及时反馈。

遥感技术也是一门新兴的综合性探测技术，由飞机或卫星上的各种传感器，接收被测区域辐射的可见光、红外、微波等电磁波信息，经加工处理成能够识别的图像或数据，进而可以揭示所测区域的工程地质和水文地质状况。遥感技术为地质测绘提供了全新的手段，其宏观性、直观性和综合性是任何其他地图测绘所达不到的。例如，我国利用遥感技术对内昆铁路的洛泽河、大关河、洒渔河超过 3300km^2 的区域，进行了工程地质和水文地质勘测；编制了 1∶5 万工程地质遥感判释图，1∶10 万遥感判释煤系地层分布图和岩溶分布图；判释发现了 30 余条断裂构造，533 处滑坡、崩塌、泥石流沟，9064 处岩溶漏斗、落水洞、岩溶洼地等各种岩溶点，查明了 5 个地质时代煤系地层的分布规律，分析了其可能对铁路工程的危害性。基于对这些资料的分析，提出了线路方案的比选意见及工程设计的其他建议。

未来地下工程将向信息化、机械化、数字化、智能化发展，而这些发展离不开多学科领域之间的相互融合。因此，需加强数智化技术在地下工程中的应用，建立基础性数据库，同时与 BIM 技术结合构建一个系统性的平台，实现整个建设过程的精细化、智能化以及信息化。

（4）绿色环保

我国“十四五”规划中提出要加快绿色低碳发展，降低碳排放强度，争取 2030 年达到碳排放峰值，2060 年实现碳中和。建筑业作为碳排放的主要来源之一，其节能减排空间巨大。装配式建造技术因其符合建筑工业化趋势并具有显著的减碳效果，正得到日益广泛的应用。

随着公众环保意识的提升，对于绿色环保方面的关注度越来越高，从多方面推动着我国的环保进程。当前，我国对绿色建造技术的应用研究多集中在房屋的建造工程，然而，随着城市化进程的推进，地下盾构施工的重要性日益凸显，水利、市政管道、地铁、隧道等基础设施建设规模庞大，因此，对于盾构施工地下管廊的绿色建造技术研究变得尤为重要。

工程建设领域对推行绿色建造提出了更高要求，从“污染防治”到“碳达峰、碳中和”，低碳政策高度契合我国经济转型与高质量发展的长远目标。应顺应时代潮流，高度重视能源消耗与碳排控制，积极研发并应用绿色技术，实现绿色装备的转化。

8.3 地下空间建造可持续发展建议

随着地下工程领域的研究逐渐深化，地下空间的建设正迈向一个前所未有的新阶段，在这一过程中，地下空间的建设趋势日益向着大跨度、大断面、深地下的方向发展，这些变革不仅标志着地下工程技术的飞速发展，也带来了前所未有的技术挑战和工程难题。面对地下空间建设中的一系列挑战，如大跨度、大断面、深地下、高应力、高水压等复杂条件，地下工程领域的研究者们需以更为全面和深入的视角来审视和应对。

8.3.1 注重地质调查和评估

我国幅员辽阔，沿江沿海城市与内陆城市地层差异较大，浅表地层与深层地层差异较大，地下水受地层影响较大，水位变化明显，因此在建设过程中发生灾害的可能性及影响程度难以估计。

地下空间的开发利用首先受到地层条件的制约，地下工程的规划选址、设计施工、运营维护等无不依赖对地质状况的准确认识。在地下工程建设过程中，地质和水文条件的复杂多变，导致各种突发性地质灾害、工程事故的情况屡见不鲜。施工遭遇软弱夹层、突泥、断层破碎带、透水、特大型溶洞等不良地质体，导致隧道坍塌、冒顶、瓦斯爆炸等工程灾害。因此，准确有效地在地下工程建设过程中的超前地质预报，提前探明潜在的不良地质体，是确保工程安全、经济施工的关键技术问题之一。

8.3.2 推进技术、设备创新

随着地下工程建设的迅猛发展，所面临的施工环境日趋复杂，从深邃的地下岩层到高应力、高水压的极端条件，每一项挑战都考验着传统施工技术和设备的极限。在这样的背景下，传统施工技术和设备已逐渐暴露出其在复杂条件下施工能力的不足。

为了突破这一瓶颈，我们必须加大技术创新的力度，以开放的心态积极引进和研发新型施工技术和设备。这不仅是对工程质量的追求，更是对施工人员安全的有力保障。

在技术创新方面，我们应着眼于全球范围内的先进技术，通过引进、消化、吸收再创新的方式，将先进的施工技术和设备引入国内。同时，我们还应鼓励本土企业进行自主研发，针对地下工程建设的特殊需求，开发具有自主知识产权的新型施工技术和设备。如大跨度浅埋暗挖技术、大跨度盾构隧道地下工程、弱爆破技术、超前支护技术、轻质高强材料等现代化的工艺方法，应成为未来研究及发展的重点。

在设备创新方面，这些新型施工设备需紧密围绕施工需求进行。在小空间、大断面和深地下环境中，施工设备必须能够应对狭窄空间、高负荷、长时间连续作业等挑战，高水压环境下的施工设备必须能够承受巨大的水压和涌水风险。因此，需要研发具有更强稳定性和耐用性的设备，以确保施工过程的顺利进行。同时，设备还应具备更高的自动化、智能化水平，且能够适应复杂多变的地质环境和施工条件。例如，智能盾构机、无人驾驶挖掘机等新型设备，能够大大提高施工效率，降低人工成本，并且减少施工过程中的安全风险。

总之，随着地下工程建设的不断发展，加大技术创新的力度，积极引进和研发新型施工技术和设备，不仅有助于应对复杂条件下的施工挑战，提高工程质量和施工效率，同时也将推动整个地下工程建设行业的持续进步和发展。

8.3.3　建立数字化管理平台

随着信息化技术的不断发展，数字化管理平台已成为地下工程建设中不可或缺的一部分。当前，建筑信息模型（BIM）、数字孪生、地理信息系统（GIS）、大数据、云计算、人工智能等数字技术在建造领域均得到了广泛的应用，为智能建造的行业变革产生了巨大的推动作用。地下空间建造技术应充分利用大数据、云计算、物联网等先进技术，构建全面、高效、智能的数字化管理平台。

现阶段隧道数字化建造的总体目标是围绕施工的信息化、数字化升级展开，包括对工程数据和工程经验的模型化处理，构建数字化管理平台是实现智能建造的第一步。数字化平台的建立可实现包括地质、结构、设备等多源信息互联、互馈，在数据驱动下，将作业行为数字化、算法化，以实现隧道建造的协同反馈和智能决策。

当前，国内的智能建造领域尚处于相对初级的探索阶段，然而随着科技的不断进步和工程实践的深入探索，智能建造的相应体系将会逐渐成熟并迈向更高的发展阶段。在这个过程中，数字化管理平台将发挥至关重要的作用。通过该平台，能够实现对施工过程的实时监控，确保每一个施工环节都能够在精确掌控之中进行。同时，利用大数据分析和云计算技术，可以对施工过程中的海量数据进行深度挖掘，发现潜在的问题和机会，为工程管理提供科学、准确的决策支持。与此同时，基于该平台智能掘进、智能拼装、智能运输和机器人辅助作业等技术也将得到进一步发展。

为了实现地下工程建设的数字化、智能化发展，应加强与其他领域的合作与交流，研发出更加先进、高效的算法和技术，为智能建造提供更加坚实的技术支撑。同时，还应积极参与国际交流与合作，学习借鉴国外先进的经验和技术，不断提升我国智能化建造的水平。

8.3.4 保障生态安全

水土自然状态与隧道及地下工程建设高度敏感。历史上由于隧道及地下工程建筑使得地表径流干枯、地下水位下降的案例多之又多，不胜枚举。其危害之大，令人痛心。自然生态系统是一个相互关联、相互依存的复杂体系，其中的生物多样性和生态平衡对于维持整个生态系统的稳定性至关重要。

如今，国家对生态环境保护极为重视，工程建设者更应积极响应。在地下工程项目开始之前，应进行详细的环境影响评估，或制定合理的施工计划，以使地下工程施工对周边生态环境的干扰最小化；施工过程中尽量采用绿色环保的建筑材料，以及清洁的施工技术，合理使用和保护地下水，防止因为工程活动引起的地下水位下降或水质污染；在工程完成后，进行必要的生态修复。

总而言之，保障地下工程施工中的生态安全是实现可持续发展、维护生态平衡、保护自然资源的必要举措。地下工程建设中应综合考虑各种因素，使地下工程的建设可以更好地保障生态安全，确保工程的可持续性和对生态环境的影响最小。

第9章
地下空间安全发展趋势及建议

9.1 地下空间安全保障需求

地下空间安全保障需求是确保地下空间在各种情况下能够保持能够保持其功能完整性、可续性和安全性的一系列要求。地下空间安全保障需求呈现多维度耦合性、全生命周期性和动态适应性特征，具体需求广泛分布于自然灾害、人为威胁、城市发展、可持续性和环保等多个关键领域。

1）自然灾害安全需求

（1）地震安全需求。

① 地震是许多地区面临的主要威胁，地下空间设计和建设需满足可抵御地震引起的振动和地质变化要求，因此应对结构强度、地震隔离和减振技术进行深入分析和研究。

② 地下避难所的设计和建设，需确保在地震发生时居民的安全。

③ 建立基于历史地震数据（如中国地震动参数区划图）与活断层探测的三级风险管控区划。

（2）洪水和水灾安全需求。地下空间需设置防水系统，以抵御洪水、暴雨和水灾。主要包括排水系统、防水屏障和水位监测，以及防洪和紧急抢险设施。将地下空间排水系统纳入城市流域综合治理，构建“地表滞洪-地下调蓄-深层排放”三级体系。

（3）地质和地下环境安全需求。地下空间需考虑地质特征，以避免地质灾害如地滑和塌方。主要包括地下水位和地下环境监测，以确保地下空间的稳定性。

2）人为威胁安全需求

（1）恐怖主义和战争威胁。地下空间需考虑恐怖袭击、核生化威胁和战争情境。需考虑防护结构、生化污染控制、通信和联络系统的设计和建设，紧急撤离计划和危机管理培训。

（2）犯罪和盗窃威胁。地下停车设施、贵重物品存储室和地下商业空间需设计安全监控系统，以防范犯罪和盗窃。主要包括安全摄像头、门禁系统和警报系统的安装，以及安保巡逻和保安培训。

3）城市发展安全需求

（1）人口增长和城市扩张。随着城市人口的增长，地下空间需扩展以满足住房、交通和商业需求。主要包括地下城市规划和土地利用规划，城市地下交通系统、地下商业中心和地下住宅的建设。建立推行"地表-浅层-深层"三维确权制度，明确地下公共资源确权。

（2）城市基础设施。城市基础设施如下水道、电力、通信等需要在地下空间得到安全保障。主要包括地下管网和基础设施的设计和建设、紧急修复和维护计划。构建"双环 + 多枢纽"地下管廊网络，设置模块化应急接口。

4）可持续性和环保需求

（1）节能和环保。地下空间设计需考虑节能和环保，以提高能源效率和减少环境影响。主要包括地下空间通风系统、照明、废物管理和再生能源的应用，以及可持续材料和建筑设计的推广。可推行地下空间开发碳足迹核算制度，要求项目方通过垂直绿化或碳交易进行生态补偿。

（2）资源储备和可维护性。地下空间可用于储备粮食、水资源和紧急用品。主要包括设计和建设可维护的地下设施，以确保其长期可用性，满足库存管理和更新计划要求。

9.2 地下空间安全保障发展趋势

随着城市化进程的不断加速和人口的持续增长，地下空间在城市规划和发展中的作用显得日益重要。为确保地下空间的安全性和可持续性，世界各国均在不断探索新的技术、政策和管理模式。

1）技术创新与发展

（1）智能化技术驱动的安全革命

地下空间安全监测体系正加速向数字化、智能化方向演进。物联网传感网络与数字孪生技术的融合，推动形成覆盖地质环境、结构健康与人员流动的全域感知系统。研究表明，机器学习算法的引入使灾害预警时效性可提升约 40%，但具体数值需结合地质条件与设施类型动态校准。边缘计算技术的应用可优化本地化决策效率，但需警惕数据碎片化带来的系统性误差风险。地下工程智能化建造系统如图 9-1 所示。

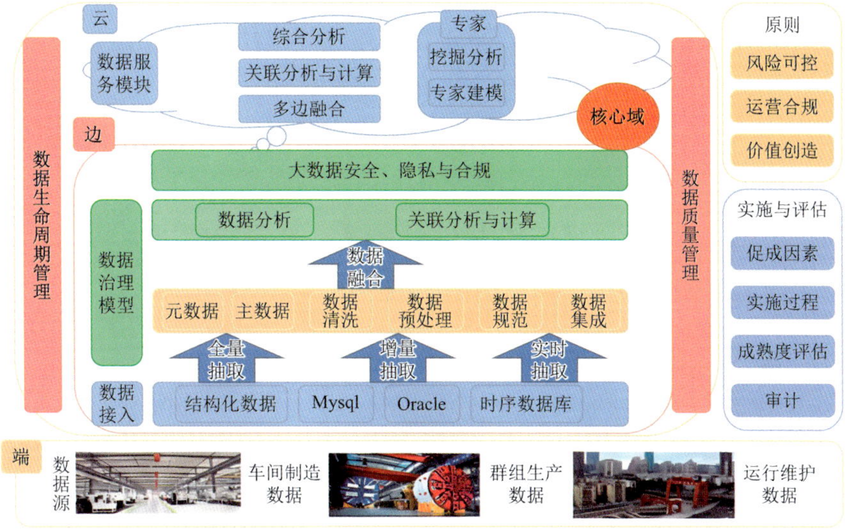

图 9-1　地下工程智能化建造系统

（2）空、天、地一体化勘察技术体系

高精度遥感技术正在重塑地下空间探测范式。卫星合成孔径雷达与无人机激光雷达的协同应用，已被证实可将地质构造识别精度提高至厘米级。量子重力勘探等新兴技术的工程化应用仍处于试验阶段，其商业化推广需突破成本与标准化瓶颈。空、天、地一体化勘察体系如图 9-2 所示。

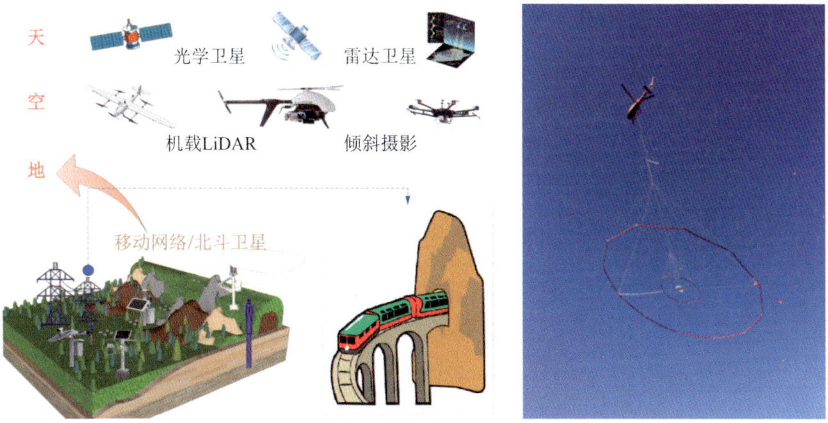

图 9-2　空、天、地一体化勘察体系

（3）新材料革命重塑抗灾体系

新型工程材料的研发呈现两大趋势：一是自修复材料通过微生物矿化机制延长结构寿命（图 9-3、图 9-4），实验室数据显示其裂缝修复率可达 60%～80%；二是超高性能混凝土的抗震性能较传统材料提升 3～5 个等级。但材料创新的规模化应用仍需解决生产工艺复杂性与全生命周期成本问题。

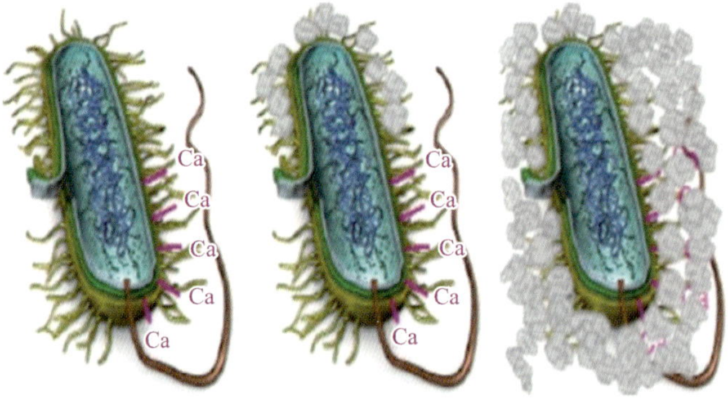

图 9-3　生物自修复材料

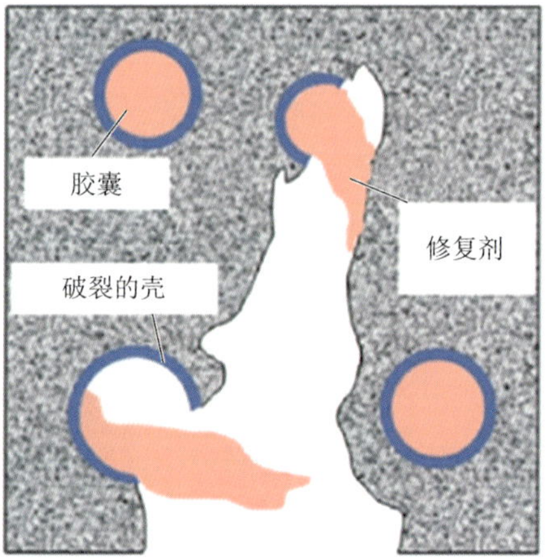

图 9-4　化学自修复材料

（4）立体化空间设计范式创新

地下空间纵向分层开发理论逐步成熟，国际隧道协会建议将浅层及中层（0～−50m）优先用于公共服务，深层（−50～−100m）布局能源设施，超深层（−100m 以下）限定战略储备功能。但深层开发需建立开发强度与生态承载力的动态平衡模型。

（5）自主化运维系统升级

智能巡检机器人在地下工程运维中的渗透率持续增长，行业报告显示其可使检测效率提升 50%以上，但需配套更新责任认定与保险体系。无人机集群技术的应用面临信号传输的稳定性与空域管理双重挑战。

2）可持续性发展

（1）碳中和目标下的绿色转型

地源热泵系统在地下空间的能效表现突出，实测数据显示其较传统空调系统节能 50%～70%。国际隧道协会《地下空间碳中和指南》（2022）提出，到 2030 年新建项目可再生能源占比应不低于 25%。

（2）循环经济模式创新实践

建筑废料再生利用率在发达国家地下工程中普遍达到 70%～90%，但发展中国家受限于分拣技术与政策激励不足。能源梯级利用系统的经济效益需通过碳定价机制实现市场化运作。

（3）社会包容性发展机制

联合国《无障碍环境建设公约》要求地下公共空间无障碍设施覆盖率不低于 15%。社会影响评估工具的应用可使社区反对率降低 40%，但需建立第三方独立评估机制。

3）国际合作与交流

（1）全球治理体系重构

国际标准化组织（ISO）发布的 ISO/TC 59/SC 16 系列标准（2020—2023），为跨境地下设施建设提供技术互认框架。

（2）技术协同创新网络

跨国联合研发项目占比从 2010 年的 12%提升至 2022 年的 35%，但知识产权分配仍是主要障碍。国际隧道协会主导的“全球技能认证计划”（2022）已培训技术人员超过 5 万名，但发展中国家的参与度不足 30%。

9.3 地下空间安全可持续发展建议

地下空间作为现代城市立体化发展的核心载体，其安全保障布局需构建“空间适配-结构韧性-生态协同”三位一体的战略体系。该体系的实施须遵循三条基本原则：一是地质安全优先原则，将地下空间开发强度严格限定在地质承载力阈值内；二是功能动态平衡原则，建立空间功能与安全等级的匹配机制；三是全周期闭环原则，从规划、建设到运营阶段形成系统性风险防控链条。

9.3.1 地下空间与城市规划整合

1）综合规划土地利用

现代城市地下空间规划已突破传统二维平面思维，向“地表-浅层-深层”三维协同模式演进。规划体系需重点解决以下三个维度的整合问题。

（1）垂直维度整合：建立地下空间分层开发导则，明确不同深度空间的功能定位。浅层（0～−15m）优先布局交通换乘、市政管廊等高交互性功能；中层（−15～−50m）承载能源中枢、物流通道等城市生命线系统；深层及超深层（−50m以下）限制性开发战略储备设施。

（2）时序维度整合：编制地下空间动态规划白皮书，设定20～30年的开发时序路径。

通过预留弹性接口、可扩展结构设计，确保新建项目与既有设施的兼容性。

（3）权属维度整合：构建三维地籍管理系统，对地下空间使用权进行立体化登记。

2）适度开发地下空间

地下空间开发强度的科学控制需构建三重约束框架。

（1）地质安全约束：依据岩土力学特性、地下水文条件等基本参数，划定地质敏感区、限制开发区与适宜建设区。对于喀斯特地貌、活动断裂带等特殊地质单元，实行开发禁令或超低强度利用政策。

（2）生态承载约束：建立开发活动对地下生态系统影响的评估模型，重点监测土壤微生物群落变化、地下水污染扩散等隐性风险。

（3）社会经济约束：通过成本-效益分析模型，评估地下工程的全生命周期经济可行性对公益性设施实施开发强度补偿机制，避免过度商业化开发挤压公共安全空间。开发权交易机制，平衡公共利益与市场开发需求。

3）多功能综合利用

地下空间功能复合化需遵循“主次有序、动静分离”的布局准则。

（1）功能聚类策略：形成交通导向型、商业服务型、市政保障型等主题功能区。通过功能协同系数分析，确定最优功能组合方案。例如，将地下物流通道与能源管网并行布设，共享地下资源体系。

（2）功能分异策略：设计弹性可变的功能模块，实现昼夜、季节间的功能转换。白天作为通勤通道使用的空间，夜间可转换为物资配送节点；雨季发挥防洪调蓄功能的地下空间，旱季可调整为临时仓储设施。

（3）界面管控策略：制定不同功能区的物理隔离标准，设置防火防爆隔离带、振动缓冲层等工程措施。重点防范商业设施人流与能源设施运营的交叉干扰。

4）地上工程的连接与通达性

地下-地表空间协同需构建三级衔接系统。

（1）物理连接系统：规划垂直交通核的密度与分布，确保每 500m 服务半径内设置至少 2 个 24h 开放的连接节点。连接通道设计需满足无障碍通行、应急疏散双重标准。

（2）信息引导系统：建立统一的地下空间导航标识体系，整合室内定位技术与增强现实（AR）可视化导引。通过多模态信息交互，消除方向认知障碍。

（3）应急联通系统：预设地上地下联动的应急指挥通道，确保灾害发生时救援力量能快速建立垂直补给线。重点设施间设置防爆隔离门与备用连接通道。

9.3.2　地下空间安全性建设

1）地下空间设计安全性

安全设计标准体系需实现三个突破。

（1）多灾种耦合设计：打破单一灾种设防思维，构建“地震-火灾-水灾”多灾害链模拟平台。通过灾害叠加效应分析，优化结构冗余度与逃生路径布局。

（2）性能化设计转型：从规定性指标向性能目标导向转变。例如，将“耐火极限 2h”等硬性规定，升级为“确保高温环境下主要承重结构功能完整性”的性能要求。

（3）人因工程融入：基于行为心理学原理优化空间形态，控制通道弯曲度、视觉纵深等参数，减少灾害发生时的人群恐慌效应。

2）地下空间结构强度安全性

结构安全提升需实施三大技术路径。

（1）材料性能升级：研发适用于地下特殊环境的高耐久性材料，重点提升混凝土抗渗等级（⩾ P12）、钢材耐腐蚀性能（寿命周期 ⩾ 100 年）。

（2）智能结构体系：植入光纤传感网络的智能支护结构，实时感知应力应变分布。通过预应力动态调整系统，实现结构自适应的荷载平衡。

（3）冗余防护设计：关键节点采用双重甚至三重防护体系。例如，在穿越活动断裂带的地下工程中，组合应用柔性接头、可更换耗能构件与整体式基础。

3）地下水位管理

地下水控制需建立四级防御体系。

（1）源头阻截系统：在工程外围设置垂直防渗帷幕，采用高压旋喷桩、冻结法等工艺，形成闭合式截水屏障。

（2）内部导排系统：布设环形排水盲沟与自动抽排装置，将渗流水导入专用调蓄池。

（3）动态监测系统：部署分布式光纤渗流监测仪，实时捕捉渗流速度、水质参数变化。

（4）应急响应系统：制定不同水位预警阈值对应的处置预案，当监测值超过临界水位时，自动启动加压注浆堵漏程序。

4）环境控制

地下环境质量保障需构建“三衡”系统。

（1）空气衡稳系统：采用活塞式通风与局部净化相结合的模式。在主要通道实施纵向通风，维持换气次数；在密闭空间加装活性炭-光催化复合净化装置。

（2）热湿平衡系统：根据地层热惰性特性设计相变储能调温结构，结合除湿机与加湿器的智能联动，控制相对湿度。

（3）声光平衡系统：运用漫反射照明技术消除地下空间压抑感，通过吸声材料与隔振构造将背景噪声降至 45dB 以下。

5）应急设施

应急体系建设需实现四个全覆盖。

（1）逃生路径全覆盖：确保任意位置到最近安全出口的步行距离不超过规定限值，通道宽度满足峰值人流疏散需求。

（2）生命支持全覆盖：在人员密集区设置分布式氧气供应站、应急照明电源及卫生处理设施。

（3）信息联通全覆盖：构建抗毁伤应急通信网络，采用透地波通信与漏缆天线混合组网，保障极端情况下的指挥调度能力。

（4）救援接入全覆盖：预设应急救援专用通道，配置快速破拆装置与模块化支护构件，确保外部救援力量能突破障碍实施作业。

9.3.3 环保与可持续性

1）采用绿色技术和材料

绿色技术体系需聚焦两个创新方向。

（1）能源闭环系统：构建地热能主导的多能互补供能网络，利用地道风预处理新风负荷，通过飞轮储能平衡用电峰谷。

（2）生态建材应用：推广工业固废集料混凝土、光催化自清洁涂料等材料，降低全生命周期碳排放。

2）废物管理和循环利用

废物管控需建立三级处理机制。

（1）源头减量：通过 BIM 技术优化施工方案，有效降低建筑垃圾工程量。

（2）过程控制：实施盾构渣土现场分选处理，将可用集料及时回填或预制构件生产。

（3）末端利用：建设区域性地下工程废物再生中心，将废弃混凝土破碎筛分后用于路基填筑。

3）生态系统保护

地下生态保护需把握三个着力点。

（1）水文地质保护：严格控制开挖降水幅度，通过回灌井维持地下水均衡。

（2）微生物群落维系：在衬砌结构表面植入生物亲和性涂层，促进地下微生物膜自然形成。

（3）人工生态构建：在适宜区域设置地下生态舱，培育耐阴植物与昆虫群落，形成微型生物链。

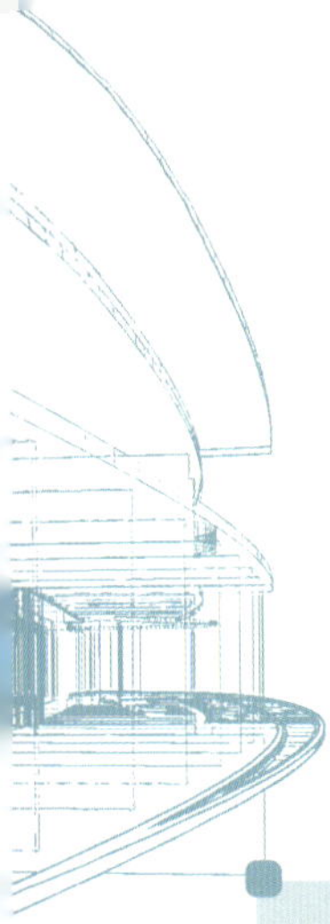

第 10 章 地下空间环保发展趋势及建议

10.1 地下空间环保需求

随着经济和科技的迅猛发展，人类对生活环境和生态环境的质量要求逐渐提高。20 世纪以后，资源耗竭、环境污染等问题日益凸显，导致许多城市出现交通拥堵、环境恶化等现象。因此，地下城市应运而生，成为人类生态空间的新拓展。

机动车大量增加带来车均道路面积下降，进而引发道路拥堵、行车效率低下，环境污染等众多问题。为了创造更美好、更有意义的生存环境，城市地下空间开发利用显得尤为重要，而改善城市空间环境的质量则是提高生活质量的关键。在此背景下，地铁应运而生，成为人类高效利用地下空间的重要形式。地铁能够提高土地利用效率、缓解地面交通、改善人居环境质量、实现人车立体分流、减少污染，具有不占地面土地、不破坏地面景观、不产生地面噪声污染等优势，成为现代化大都市缓解交通压力的重要发展方向。此外，在环保和节能方面，地下建筑也展现出显著优势。地下建筑由于处在地下空间的恒温保温性环境中，因此能量消耗要比地上建筑物低。据调查，地下建筑相较于地上建筑节能率可达 65%以上；地下油库、粮库及冷库等的运行费用比地面低 30%～60%。

地下空间的合理开发和利用，对于缓解城市土地紧张、提高城市空间利用效率具有重要意义。但是，由于城市地下空间功能设施的多样性、空间环境的封闭性、地势的低洼性和自然条件的不良性，决定了其内部无自然光照条件、空气质量差的特性。因此，在现代化城市建设过程中，对地下空间环保提出了新需求。

10.1.1　人居环境需求

地下空间人居环境需求涵盖了功能、环境、社会和技术等多个方面，旨在通过合理开发利用地下空间，提升城市品质和居民生活质量。近年来，利用地下空间建设地铁、地下快速路、停车场等屡见不鲜，缓解地面交通拥堵，提升城市交通效率效果显著；地下商业街、购物中心、餐饮娱乐设施等，作为商场、地下交通、过街通道等建筑的配套商业设施，能够丰富城市功能，满足居民的购物和休闲需求；图书馆、展览中心、社区活动室等设施，可提升公共服务的便利性；地下综合管廊、市政设施等，可保障城市运行。同时，利用地下空间建设防空设施、应急避难所、排水系统等，可增强城市的安全韧性。

随着社会不断进步，人类对于环境的舒适性要求不断提高，在建设过程中对于地下空间环境的舒适性、安全性、生态友好性的关注度也越来越高。

1）空气质量需求

（1）通风系统需求。地下空间人员活动需要足够的氧气来维持正常呼吸和生理功能。一般要求地下空间空气中氧气含量保持在 20.9%左右，以保障人们在地下空间内活动时不会因缺氧而感到不适，避免出现头晕、乏力等症状。另外人们在地下空间内呼吸会释放二氧化碳，当二氧化碳浓度超过 0.1%时，会使人感到胸闷、气短、疲劳等。

良好的通风系统对于保持地下空间空气环境清洁至关重要。通过引入室外新鲜空气，排出地下空间污浊空气，确保空气质量符合卫生标准，以保障人员的健康和舒适。目前，地下空间开发较为成熟的地下停车场、地铁等场所，通过合理设计通风系统，有效排除汽车尾气或人体呼出的二氧化碳等污染物。

（2）空气净化需求。地下空间中可能存在多种有害气体，如汽车尾气中的一氧化碳、氮氧化物，以及装修材料释放的甲醛、苯等。当污染物浓度过高时，会对人体造成不同程度的伤害。另外，地下空间空气中还含有颗粒物，包括可吸入颗粒物（PM_{10}）和细颗粒物（$PM_{2.5}$）等。这类颗粒物主要来源于通风系统带入、人员活动或设备运行等引起的扬尘。一般要求 PM_{10} 浓度控制在 150μg/m^3 以下，$PM_{2.5}$ 浓度控制在 75μg/m^3 以下，以保障人们在地下空间内活动时呼吸系统不受侵害。

因此，采用空气净化设备，如活性炭滤清器、静电除尘器、光催化净化器等，去除地下空间中的有害气体、颗粒物和微生物是保障地下空间空气环境清洁的有效手段。特别是在一些人员密集或有特殊污染源的地下场所，如地下商场、地下餐厅等，空气净化设备能有效提高空气质量。

静电除尘工艺流程如图 10-1 所示。

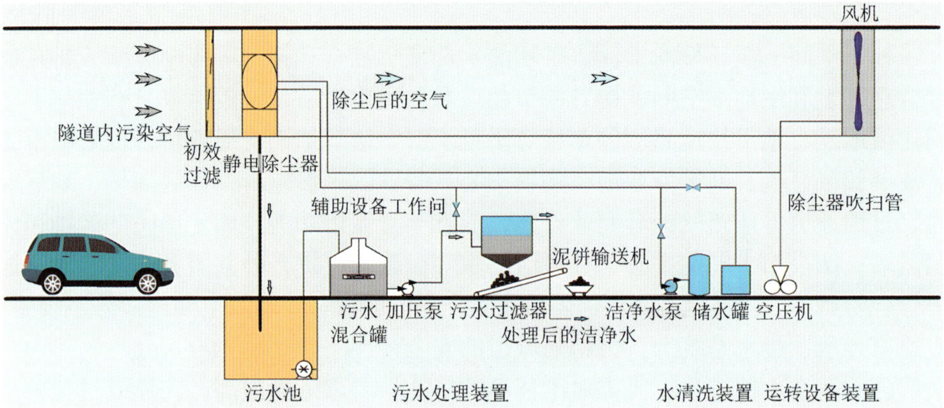

图 10-1 静电除尘工艺流程图

2）水质保障需求

（1）水源保护需求。地下空间的生活用水、消防用水等应选择优质的水源，并采取有效的保护措施，防止水源受到污染。故需对地下水源进行定期监测，确保水源的水质符合相关标准。

（2）污水处理与回用需求。合理设计污水处理系统，对地下空间产生的生活污水、工业废水等进行处理，使其达到排放标准或回用标准。

3）噪声控制需求

（1）设备降噪需求。地下空间中的通风、空调、电梯等机械设备是主要的噪声源，应采用低噪声设备，并采取有效的减振、降噪措施。如在设备基础上安装减振器，在管道连接处采用柔性接头，以减少振动和噪声的传播。

（2）建筑隔音需求。通过合理的建筑设计和隔音材料的应用，降低地下空间内的噪声水平。例如，在墙体、天花板和地面等部位采用隔音性能好的材料，设置隔音屏障，以减少噪声的传播和反射。

10.1.2 节能减排需求

地下建筑的围护结构与土壤或岩石接触，土壤的热稳定性使得地下建筑的围护结构拥有相对稳定的外界温度，对于需要恒定季节性温度和恒定昼夜温度的特殊建筑非常有利。但由于其封闭性强，生产和生活过程中所散发的热量和水分会增加地下空间的温度和湿度，尤其是在雨季，容易出现潮湿问题。另外，地下建筑由于其围护结构的限制，一般难以通过侧窗获取阳光，即使通过采光天窗、采光井等方式进行自然采光，也难以与地面建筑相比。

（1）降低能耗需求

地下建筑由于其特殊的环境，往往面临着较高的能源消耗。首先，由于光线差、空气不流通，需要 24h 不间断电照明和高功率通风空调设备的连续运转，这将消耗大量能源。地下建筑的主要能耗包括采光能耗、空调能耗和动力能耗，其中采光能耗约占建筑年能耗的 45%，新风及空调能耗占建筑年能耗的 25%～38%，另外电梯、通风设备等的动力能耗，也是地下建筑的重要能耗来源（图 10-2）。

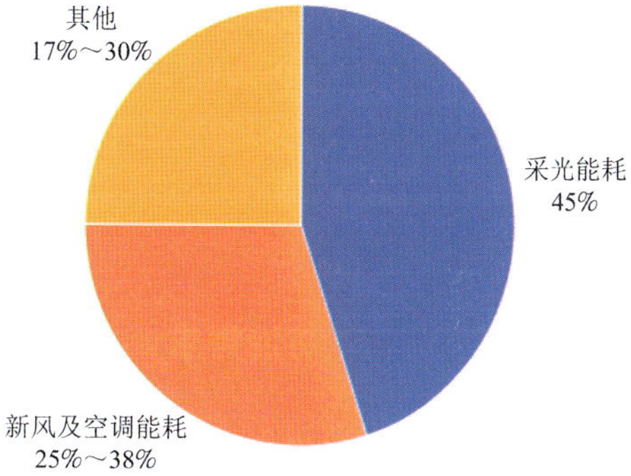

图 10-2　地下空间能耗分布图

（2）降低环境影响需求

地下空间的能源消耗不仅增加了运营成本，还对环境产生了负面影响。如地下停车场车辆排放的尾气会进一步加重建筑内的空气污染。地下建筑的封闭性较强，难以通过自然通风排除热量与湿气，导致地下空间内的温度和湿度增加。

10.1.3　资源集约需求

资源集约的必要性体现在多个方面，包括土地资源、人力资源以及其他自然资源的节约集约利用。资源集约不仅有助于提高资源利用效率、减少浪费、保护环境，还能够促进经济的可持续发展和社会的整体进步。通过科学规划、合理管理和技术创新，可以有效实现资源的节约集约利用，为未来的可持续发展奠定坚实的基础。节约集约利用资源是我国的基本国策，对于加快转变经济发展模式、推进经济结构调整、保持经济长期平稳较快发展具有重要意义。加强国土资源节约集约利用，不仅有利于节约和降耗，而且还有利于发展和增效。对于企业而言，节约集约可以降低生产成本，倒逼转型升级，增强和提高竞争能力；对于全社会而言，节约集约可以催生新产业，创造新财富，发展生产力，提升生产率。因此，推进资源节约集约利用是实现中国式现代化的内在要求，也是实现高质量发展的必然选择。

地下空间环保的资源集约需求主要体现在以下几个方面。

（1）提高城市用地效率

在当今世界范围内，人口的增加和生活需求的增长、自然条件的日益恶化和自然资源的渐趋枯竭，是制约人类生存与发展的主要矛盾。在城市发展问题上，则表现为扩大城市空间容量的需求与城市土地资源紧缺的矛盾。地下空间的开发可以有效提高城市用地效率，缓解土地资源紧张的局面，有助于环境保护。

（2）提高能源及资源利用效率

地下空间的开发倡导资源集约，不仅体现在土地的高效利用上，更体现在资源集中调配、能源集中供给等方面。集中供给模式相比分散供给，具有显著的效率优势，有助于提升整体效率，实现资源节约。

（3）减少对自然环境的影响

地下空间的开发可以减少对地表生态系统的干扰，保护地表植被和自然景观。地下空间开发可以减少地面建筑的数量，从而保留更多的绿地和开放空间。此外，垃圾集中清运、污水集中处理不仅能降低成本，而且还能减少环境污染，从而降低对环境的负面影响。

10.1.4 污染防治需求

1）地下水污染防治需求

地下水污染是一个全球性的问题，尤其在中国，由于快速的工业化和城市化进程，地下水污染问题尤为严重。地下水污染的特征是由浅至深、从点到面，涉及范围逐渐扩大。污染物主要包括工业废水、农业化肥和农药、生活污水和垃圾等，这些污染物通过地表水体入渗和降雨、灌溉、淋溶作用直接进入地下含水层，造成地下水污染。随着城市化进程的推进，地下水的清洁变得更为重要，也更容易受到污染。地下水污染防治技术是应对地下水污染的关键。目前，常用的地下水污染处理技术包括物理法、水动力控制法、抽出处理法和原位处理法。其中，原位处理法（如原位物化法、原位生物法和反应性渗透墙技术）因其对环境影响小、操作简便等特点，受到越来越多人的关注。

我国在地下水污染防治技术方面还有待进一步加强和完善，尤其是在技术研发方面，与其他国家存在较大的差距。地下水污染防治需求涵盖了技术、监管、法律、政策和资金等多个方面。只有综合运用这些手段，才能有效应对地下水的污染问题，保障地下水资源的安全和可持续利用。

（1）监管需求。加强地下水监管是有效发现和解决地下水污染问题的重要措施。当前，我国地下水监测网络建设水平有待进一步提升，存在重复建设和监测标准不统一等问题。此外，监管部门需要充分利用信息技术，获取更准确、及时的监测数据，以提高地下水污染防治的监管水平。

（2）法律、政策需求。严格的法律法规和有效的政策措施是防治地下水污染的保障。目前，我国在地下水污染防治方面存在法律不完善、执法力度不足等问题。例如，对违法企业的惩罚力度不够，导致一些企业为了追求经济利益，不顾环境保护，向地下排放污水。因此，需要加大对违法企业的处罚力度，同时完善相关法律法规，确保地下水污染防治工作的顺利进行。

（3）资金需求地下水污染治理需要大量的资金投入。目前，我国地下水污染治理资金来源面临困境，需要借鉴国外经验，如美国的超级基金制度，通过财政拨款、征收环境税、潜在责任人付费等方式筹集资金。

2）垃圾处理需求

在地下空间的开发过程中，会产生大量的建筑垃圾，同时随着地下建筑的不断落成，人居生活垃圾也不断增多。需在地下空间设置合理的垃圾分类收集设施，引导人们将垃圾按照可回收物、有害垃圾、厨余垃圾和其他垃圾等进行分类投放。同时应建立完善的垃圾清运制度，及时将地下空间的垃圾运出，避免垃圾堆积产生异味和滋生细菌。加强对垃圾清运过程的管理，防止垃圾在运输过程中散落和泄漏。

3）生态环境需求

在地下空间的适当位置进行绿化设计，种植一些适合地下环境的植物。绿化不仅可以美化环境，还可以起到净化空气、调节湿度、降低噪声等作用。对于一些因地下工程建设而破坏的生态环境，应采取相应的生态修复措施。

10.2 地下空间环保发展趋势

地下空间的发展趋势是一个多维度、跨学科的复杂议题，它涉及城市规划、建筑设计、环境工程、地质学、经济学以及社会政策等多个领域。

1）地下空间环保的发展趋势受政策引导强化

《自然资源部关于探索推进城市地下空间开发利用的指导意见》（自然资发〔2024〕146 号）强调以安全、环保、可持续利用为前提，划定地下空间保护和利用管控分区，强化地下空间开发的安全韧性，各城市将在国土空间总体规划中明确地下空间开发的环保相关目标与管控要求。未来会制定更多关于地下空间环保的专项标准和规范，对地下空间开发中的资源利用效率、污染物排放、生态保护等方面进行更细致的规定，引导地下空间开发向绿色、环保方向发展。

2）地下空间环保的发展趋势受技术创新推动

（1）节能技术普及大力推动了地下空间发展。利用地下空间的恒温特性，地源热泵技术将得到更加广泛的应用，可实现高效供热和制冷，减少对传统能源的依赖。同时，在地下建筑中，会更多采用高效隔热材料和节能设备，进一步降低能耗。

（2）应用环保材料能够改善地下空间空气环境。研发和使用更多新型环保材料，如具有高强度、耐腐蚀、低污染的地下工程专用材料。在地下空间的装修中，采用环保型的涂料、装饰板材等，减少甲醛等有害物质的释放。

（3）污染防治技术升级降低地下空间开发及使用过程对环境的破坏。对于地下空间可能产生的废水、废气和噪声等污染，将有更先进的处理技术。如地下污水处理系统采用更高效的生物处理技术，实现达标排放；地下交通系统安装更先进的尾气净化和噪声隔离设施。

（4）地下空间功能优化升级，使资源集约、效率提高。建立地下雨水收集和循环利用系统，将收集的雨水用于地下空间的绿化灌溉、洗车等，提高水资源的利用效率。同时，推广地下垃圾分类和回收利用设施，实现垃圾的减量化和资源化。地下交通、商业、仓储等功能将更加有机融合，减少不必要的能源消耗和环境污染。

（5）生态空间营造，打造地下舒适宜居的环境。在地下空间设计中引入更多的绿色元素，如打造地下花园、种植垂直绿化等，增加地下空间的生态性和舒适度，改善地下空间的环境质量。

3）管理模式创新加快地下空间环保的发展

（1）智能化管理系统普遍应用。利用物联网、大数据等技术，建立地下空间环保智能监测系统，实时监测地下空间的环境质量、能耗、污染物排放等指标，实现对地下空间环保状况的动态管理。根据实际需求智能控制系统自动调节地下空间的通风、照明等设备，提高能源利用效率。

（2）协同管理机制促进高效协作。建立跨部门的地下空间环保协同管理机制，加强自然资源、环保、交通等部门之间的沟通与协作，形成合力，共同推进地下空间环保工作。同时，鼓励社会公众参与地下空间环保管理，建立公众监督和反馈机制。

4）节能减排优化地下空间人居环境

（1）通过智能照明系统实现节能。通过集成物联网、大数据、人工智能等技术，实现对地下建筑照明设备的精准控制与智能管理。例如，博联 AI 智能停车场照明解决方案是通过雷达感应有无动态车辆和人员来优化能耗，实现了相较于传统照明高达 70%的节能率。

（2）引入自然光降低照明能耗。利用天窗采光、庭院采光、下沉广场采光、地下中庭采光等多种方式，尽可能引入自然光，减少照明能耗。常见的特殊采光方法包括：导光管采光，棱镜导光装置、光导纤维、光电效应间接采光等。

（3）用自然通风代替机械通风。通过合理设计自然通风系统，利用室内外温度差所造成的热压或风力作用来实现换气，改善室内空气质量，节约能耗。

10.3 地下空间环保可持续发展建议

10.3.1　合理开发利用地下空间资源，创造可持续发展城市

城市发展的理想形态是绿色生态型城市，其核心在于构建一个人与自然和谐共生、社会经济发展与自然环境协调、生态实现良性循环的人类居住环境。随着城市化进程的加速和城市人口的急剧增长，城市建设用地的需求不断增加，导致用地紧张和地价上涨。如果仅通过增加建筑密度和高度来应对这一挑战，将不可避免地导致城市空间拥挤、开敞空间和绿地减少，以及生态环境质量下降。

因此，合理开发利用地下空间资源变得至关重要。地下空间开发应成为城市建设的有机组成部分，其在改善生态环境和促进城市可持续发展方面的作用主要体现在以下几个方面。

（1）合理开发利用地下空间资源扩充城市容量。通过地下空间的开发利用，可以在不扩大城市物理范围的情况下增加城市容量。例如，建设地下交通系统、停车场、仓储等设施，可以有效利用地下空间，减少地面建筑的压力。这种三维立体集约化的发展模式有助于提高城市土地的利用率，节约土地资源。

（2）科学规划城市地下空间。城市地下空间的规划应考虑城市整体发展的需要，合理安排地下空间的建筑功能。例如，将交通、商业、文化、仓储、防灾等功能空间转入地下，不仅可以提高城市功能的效率，还可以创造经济效益，改善居民生活质量。同时，这也有助于城市功能的正常、高效、有序运转。

（3）地下空间与城市绿地的复合开发。在开发地下空间的同时，应充分利用地面空间进行园林绿化，增强城市的自然生态调节能力。例如，通过设置地下公园、绿色屋顶、垂直绿化等方式，可以在不减少地面绿化面积的情况下增加城市绿化。这种复合开发模式有助于改善城市景观质量，实现人工环境与自然环境的和谐共生。

10.3.2　以人为本，创造健康、舒适、绿色环保型地下空间

绿色生态建筑的核心在于打造一个既美观又实用的居住、工作环境，它把人的需求和福祉放在首位，致力创造一个既健康又有益于提高工作效率的空间。地

下建筑的环境特别独特，它包括了我们生活的各个方面，比如空气质量、光线、声音，以及我们的心理感受。因为地下环境和地面环境大不相同，所以我们在设计和使用地下空间时需要特别注意。

目前，随着对地下空间开发的重视和环境控制技术水平的提高，地下空间环境的综合改善已成为一个重要课题，这对有大量人员长时间在其中工作和生活的大型地下建筑综合体、地下商业街和购物中心、地铁车站等尤为重要。因此，必须综合运用人工与自然相结合的方法，创造健康、舒适、绿色环保型的地下空间环境，主要包括以下几个方面：

1）高度重视地下建筑物理环境和生理环境品质的改善

（1）在空气品质方面，应根据不同类型地下建筑功能要求，采取自然与人工技术设备相结合的方法和措施，使建筑内部达到舒适的温度、湿度，保证空气环境的清洁度和氧含量，将二氧化碳、一氧化碳以及细菌含量和其他有害化学物质控制在允许范围内，消除异味，并适当提高空气中负离子浓度。

（2）在光环境方面，要保证具有不同建筑功能使用要求的照度和宜人的光照环境，并注意地上与地下空间的光环境过渡，尽可能采取半地下建筑开窗、地下建筑采光井、天窗、采光廊、采光中庭、下沉式广场或庭院等地下建筑形式，以及采用各种高效导光系统设施，将天然光线引入地下，改善地下空间光照环境，如图 10-3 所示。

（3）在水源利用方面，应保证地下建筑清洁、充足的水源，并注意水资源保护及可持续利用。地下空间通过其冬暖夏凉的特性以及储能、储水、排水等功能，通过科学规划和管理，减少对环境的影响，同时利用地下空间的恒温特性，来降低能耗和碳排放，促进节能、节水、低碳的城市社会发展。

图 10-3

图 10-3　自然光源引入地下

2）优化组织设计

通过对地下建筑布局和空间形态的优化组织设计，使地下建筑空间既能高效灵活地满足建筑使用功能要求，又能满足良好舒适的视觉心理需要。要注意处理好内外空间过渡，并处理好内部空间的形状、比例和大小，以及空间的转换衔接、空间的对比与变化、序列与节奏，增加空间的方向感、秩序感、层次感、开敞感等。同时采取各种室内环境艺术手法，对空间界面、分隔、装修、色彩、照明、灯具、标志、建筑小品和绿化配置进行合理而巧妙的设计，改善地下空间视觉心理环境。尤其应注意在将自然光线引入地下的同时，增加地下空间的绿化，采取园林艺术手法创造富有自然生机和艺术意境的绿色地下空间。

3）采用环保型建筑材料

地下空间中的建筑材料尤其是大量的装修材料应积极推广使用无污染、无毒害、无辐射、有益身心健康的绿色环保型材料。

4）采取无障碍设计

大型地下空间综合体建筑应尽可能采取无障碍设计体现对人的关怀，尤其是对残疾人、老人及儿童的关心。

10.3.3　采用综合节能建筑方式，构建环保、节能型地下空间

地下建筑由于其特殊的结构特性，本身就具有很好的保温隔热效果，这为节能提供了巨大的潜力。为了进一步降低地下空间的能耗，尤其是大型地下建筑的空调和照明能耗，减少对环境的污染，我们可以采取以下设计策略和技术措施。

（1）优化空间设计：合理设计地下建筑的空间和形态，提高空间利用率，减少不必要的建筑面积和空间，从而降低空调的使用负荷。

（2）考虑气候和地形：根据所在地区的气候特点和地形条件，合理确定建筑的入口、主体布局和朝向。这样既能在夏季提供良好的通风和遮阳效果，又能让冬季充分利用太阳能，减少寒风的影响。

（3）利用自然光和先进技术：除了采用可以让自然光进入的建筑形式外，还应积极利用太阳光学系统和光纤传导技术，将自然光引入地下空间。结合人工照明，可以有效减少照明能耗。

10.3.4　增强地下空间开发建设的弹性应变能力，创造开放型地下空间

开放型建筑是一种能够适应环境变化、具有灵活性和可扩展性的建筑体系。它不仅要与自然环境和谐共存，还要适应社会生产和生活形态的变化，满足不同时期的需求，以实现可持续发展。由于地下建筑的不可逆性，一旦建成，改变地层结构的地下空间将长期存在。因此，地下空间的规划和建设必须注重开放性，应考虑以下几个方面。

（1）整体协调规划：地下空间的规划应与地面建筑和城市整体规划相协调，预见性地研究城市各类地下空间开发利用与城市整体规划的关系，实现近期与中长期规划的有机结合。

（2）多功能适应性：建筑空间和结构应具有多功能适应性、灵活性和可扩展性，形成开放型建筑空间，使建筑的使用功能具有持久生命力，并能够适应未来的变化。

（3）弹性设计：对地下建筑单体进行弹性设计，预留设计接口，采用适应性强的结构形式和设计参数，为未来的扩建和联通提供便利。

（4）模块化和标准化：研究和开发容易维修和更新的模块化、标准化地下建筑设备系统和部件，形成适应性强的可持续发展空间。

地下空间的开发利用是现代城市建设的重要组成部分，对促进城市建设的可持续发展具有独特的优势和潜力。在地下空间的规划、设计、施工以及技术标准和法规的制定中，应以绿色生态建筑的理念为指导，采取相应的对策，这对于保障地下空间开发利用的可持续健康发展、创造绿色生态城市环境具有十分重要的意义。

10.3.5　推进绿色建筑和智慧建筑，提高碳减排

（1）城市地下空间建筑需要绿色转型，提高城市地下空间建筑节能减排水平。充分利用太阳能、地热能等可再生能源，可有效替代传统能源耗费，降低城

市地下空间碳排放，提高城市地下空间空调、照明与电气设备能效水平。能耗是碳的重要来源，低碳高效进行城市地下空间开发利用，解决城市地下空间低碳建筑和全生命周期低碳运营维护问题，降低城市地下空间建筑能耗，可有效提高节能减排水平。

（2）推崇绿色建筑，降低资源耗费。城市地下空间建设选用低碳高强、高耐久性建筑材料，推进绿色建材使用，推行全装修、安装式修建等绿色建筑方法，优先选择低碳建材，有效降低建筑材料资源耗费水平，并带动降低材料出产、运送能耗，推广超低能耗、近零能耗建筑，发展零碳建筑，推动高质量绿色建筑规模化发展。采用新型低碳建筑结构体系和高性能建筑材料，提高节能减排新型材料在建筑中的应用比例，减少高碳钢和水泥用量，优先采用零能耗和零碳建筑。采用装配式建造降低建筑隐含碳，减少碳排放量。通过城市地下空间布局优化设计、采用自然采光和自然通风等措施，降低建筑用能需求。创新以电气为主导的建筑物和灵活的能源系统，城市地下空间电气化，实现零碳目标。实现城市地下空间智慧运营和智慧建筑，协同统筹电热气等能源，降低建筑运行能耗。

通过集约化、智能化的地下空间系统的建立，可显著提升城市品质，高效利用地下空间并释放地面资源，将新区打造成为绿色低碳、复合低耗、高效智能的城市基盘。构建集约智慧的物联感知网络，实现人流、车流、能源、物流、固废、水务的全面感知与数据采集。规划泛在高速的通信系统，将感知的市政运行数据传送至管理中心，实现智慧管理决策，助力早日实现“双碳”目标。

10.3.6　大力发展智慧物流，探索地下物流发展

智慧物流的发展能够实现物流环节的精细化、动态化和可视化管理，从而提高物流运作的效率。地下物流系统则是通过地下管道和隧道等设施，实现货物的运输和分拣配送，这是一种全新的物流概念。智慧物流和地下物流系统不仅能够解决城市交通拥堵问题，而且还能降低二氧化碳排放，是城市交通可持续发展的关键选择。

在新区的发展中，应充分考虑绿色低碳的发展理念，建议在核心区结合地下环路系统共建地下物流体系，以服务常规快递业务。通过利用地下车行系统，可以提升物流配送的效率，同时改善地面环境质量。

对于地下物流与地下环路结合的工程方案，主要考虑独立车道和共享车道两种形式。独立车道意味着专门为地下物流设置独立的运输通道，而共享车道则是将地下物流与地下环路系统共用部分通道。这两种形式的方案选择应基于片区功能规划、货物类型和运输需求等因素进行综合考虑。

在新区核心区的货物类型主要是消费型物流，尤其是时效性要求较高的快递。根据商务和商业快递的特性，以及人口密度的增长预测，预计到 2035 年，人均快递业务量将达到 0.1 件/（人 · 天），按总人口 30 万计算，日均快递总量约为 3 万件，高峰期快递量约为 4.5 万件。通过地下物流系统，可以更高效地处理这些快递，同时保持地面环境的整洁和有序。

10. 3. 7　发展绿色低碳的地下市政设施系统

市政设施的地下化和综合化，是城市发展的重要趋势，旨在提高基础设施的效率和环保性。这一趋势在综合管廊、供水厂站、污水处理厂站、供电设施、供热（供冷）设施以及垃圾收集（处理）站等方面得到了充分体现。通过将这些设施转移到地下，不仅能够有效利用宝贵的地面空间，还能减少对城市景观的破坏，提升城市的美观度和功能性。

在规划的核心区内，市政设施的地下化、综合化主要体现在综合管廊、供电设施、供热（供冷）设施以及垃圾收集（处理）站的建设上。这些设施的地下化，不仅能够提高能源的传输效率，还能够减少噪声和空气污染，为市民创造一个更加宜居的环境。

为实现低碳集约目标，可规划建设一座地下能源站。该能源站不仅可有效提升能源利用效率，更有助于降低能源消耗与碳排放，对环境保护具有积极作用。同时，地下管廊与地下道路结构共建的方式，既节省了空间，又减少了投资，为城市的发展提供了更多的可能性。

参考文献

REFERENCES

[1] 李易峰, 李航. 国内外地下式污水处理厂发展现状及探讨[C]//中国土木工程学会 2019 年学术年会论文集, 2019: 308-315.

[2] 王敏. 城市发展对地下空间的需求研究[D]. 上海: 同济大学, 2006.

[3] 李园莉, 黄晶石. 地铁线路图设计中的视觉逻辑[J]. 设计, 2019, 32(7): 58-61.

[4] 王剑宏, 刘新荣. 浅谈日本的城市地下空间的开发与利用[J]. 地下空间与工程学报, 2006(3): 349-353.

[5] 陆化普. 导读: 日本式 TOD 及东京的启示[J]. 城市交通, 2017, 15(1): 5-6.

[6] 张壮云. 城市公共交通优先体系建设——日本东京的经验及借鉴[J]. 城市, 2007(11): 42-45.

[7] 金靖松. 浅层地下空间-规划用地控制要素分析和指标体系建立[D]. 杭州: 浙江工业大学, 2008.

[8] BROCH E. 水工隧洞及地下工程[J]. 现代隧道技术, 2017, 54(5): 1-12.

[9] 朱峰. 国内外地下式污水厂发展现状及其启示[J]. 城市道桥与防洪, 2015(12): 62-65, 71.

[10] 许迟. 贵州省综合管廊建设存在的问题及对策研究[D]. 贵阳: 贵州大学, 2019.

[11] 孙云章. 城市地下管线综合管廊项目建设中的决策支持研究[D]. 上海: 上海交通大学, 2008.

[12] 鞠阿莲, 赵立杰. 日本共同沟的发展概况及对我国的借鉴[J]. 城市管理与科技, 2019, 21(2): 80-81.

[13] 贾康，满莉，费太安，等. 城市地下综合管廊投资回报机制研究[J]. 经济研究参考, 2018(21): 3-25.

[14] 王长祥，屈凯，李云飘，等. 国外综合管廊建设概览[J]. 特种结构, 2019, 36(4): 49-57.

[15] 杨振丹. 简析日本轨道交通与地下空间结合开发的建设模式[J]. 现代城市轨道交通, 2014(3): 93-96, 99.

[16] 李春. 城市地下空间分层开发模式研究[D]. 上海：同济大学, 2007.

[17] 石晓冬. 加拿大城市地下空间开发利用模式[J]. 北京规划建设, 2001(5): 58-61.

[18] 罗遵义，卢方伟，李伟. 国外城市地下空间开发利用及其经验启示[C]//2009中国城市地下空间开发高峰论坛论文集, 2009: 19-21, 26.

[19] 张敏，杨超，杨珺. 发达国家地下物流系统的比较与借鉴[J]. 物流技术, 2005(3): 81-83, 91.

[20] 新加坡建东南亚首个地下储油库[J]. 石油化工腐蚀与防护, 2014, 31(5): 23.

[21] 吕淼. 美国天然气管网基础设施运营与监管经验[J]. 能源, 2019(7): 65-69.

[22] 唐康. 气顶油藏储气库渗流机理与气驱协同开发方法研究[D]. 北京：中国石油大学（北京）, 2023.

[23] 张福强，曾平，周立坚，等. 国内外地下储气库研究现状与应用展望[J]. 中国煤炭地质, 2021, 33(10): 39-42, 52.

[24] 徐可昕，宋菊芳，柒晓亮，等. 平战结合视角下的人防工程规划研究[J]. 城市住宅, 2020, 27(7): 172-173, 175.

[25] 张皓健，刘凤祥，宋建林，等. 基于社会公共事业发展的国外城市人防公共事业与公共安全工程发展分析：城市公共管理与发达国家人防安全工程建设的经验借鉴与启示[C]//对接京津——时代特色战略航标研讨会论文集, 2017: 249-267.

[26] 张玉凤. 和平时期人防工程管理问题研究[D]. 苏州：苏州大学, 2011.

[27] 申艳军，张欢，雷升祥，等. 新形势下我国地下人防工程特色及发展理念[J]. 地下空间与工程学报, 2019, 15(6): 1599-1608.

[28] 李微，陈志龙，郭东军. 国外城市地下空间规划借鉴——以赫尔辛基为例[J]. 国际城市规划, 2016, 31(3): 119-124.

[29] 雷升祥，申艳军，肖清华，等. 城市地下空间开发利用现状及未来发展理念[J]. 地下空间与工程学报, 2019, 15(4): 965-979.

[30] 吴国荣. 挪威的地下运动厅兼防空掩蔽所[J]. 地下空间, 1985(1): 35-38.

[31] 杨益, 陈叶青. 国外城市地下空间发展概况[J]. 防护工程, 2018, 40(3): 60-66.
[32] 董致远. 日本城市地下空间开发利用及发展探析[J]. 防护工程, 2021, 43(5): 74-78.
[33] 王殿华. 国外防护工程现状与发展趋势[C]//中国土木工程学会防护工程分会第五届理事会暨第九次学术会议论文集. 中国土木工程学会, 2004, 10-18.
[34] 中国城市轨道交通协会, 城市轨道交通 2022 年度统计和分析报告[R]. 中国城市轨道交通协会, 2023: 3.
[35] 王旭东. 武汉光谷广场综合体工程建筑方案设计[C]//第十七届中国科协年会——分 7　综合轨道交通体系学术沙龙论文集, 2015: 544-549.
[36] 叶依谦. 北京城市副中心行政办公区二期[J]. 当代建筑, 2021(1): 71-73.
[37] 秦鹏宇. 双碳背景下立体公园智能化实践——以深圳滨海廊桥为例[J]. 绿色建造与智能建筑, 2023(10): 17-20.
[38] 华北电力设计院有限公司. 凝心聚力敢为先 攻坚克难勇担当——锦屏大设施项目设计难点和技术创新[J]. 施工企业管理, 2023(12): 105-107.
[39] 上海市政工程设计研究总院 (集团) 有限公司, 上海海事大学地下物流技术研究中心. 城市地下物流发展报告[C]//中国仓储与配送协会, 2022 年中国仓储配送行业发展报告, 2022: 174-187.
[40] 钱七虎. 建设特大城市地下快速路和地下物流系统——解决中国特大城市交通问题的新思路 [J]. 科技导报, 2004(4): 3-6.
[41] 佚名. 北京中心城中心地区地下空间开发利用规划 (2004—2020 年) [R]. 北京规划建设, 2006(5): 162-163.
[42] 中国工程院战略咨询中心, 中国岩石力学与工程学会, 中国城市规划网. 2024 中国城市地下空间发展蓝皮书发布[R/OL]. 2024-12. https://www.planning.org.cn/news/view?id=16315
[43] 雷升祥, 申艳军, 肖清华, 等. 城市地下空间开发利用现状及未来发展理念[J]. 地下空间与工程学报, 2019, 15(04): 965-979.
[44] 中国工程院战略咨询中心, 中国岩石力学与工程学会, 中国城市规划网. 2022 中国城市地下空间发展蓝皮书发布[R/OL]. 2023-07. https://www.planning.org.cn/news/view?id=14198
[45] 高昂, 刘昱玮, 卢成绪. 国内外城市地下空间标准现状与发展[J]. 地质与勘探, 2024, 60(1): 1-8.
[46] 张嘉真, 王丽. 我国城市地下空间发展的现状及分析[J]. 理论观察, 2017, (8): 90-92.

[47] 朱合华, 骆晓, 彭芳乐, 等. 我国城市地下空间规划发展战略研究[J]. 中国工程科学, 2017, 19(6): 12-17.
[48] 王寿生. 地下空间发展历程与新思维[J]. 地下空间与工程学报, 2022, 18(3): 733-742.
[49] 王敏. 城市发展对地下空间的需求研究[D]. 上海: 同济大学, 2006.
[50] 孙钧. 国内外城市地下空间资源开发利用的发展和问题[J]. 隧道建设 (中英文) , 2019, 39(5): 699709.
[51] 王寿生. 地下空间发展历程与新思维[J]. 地下空间与工程学报, 2022, 18(3): 733-742.
[52] 朱合华, 丁文其, 乔亚飞, 等. 简析我国城市地下空间开发利用的问题与挑战[J]. 地学前缘, 2019, 26(3): 22-31.
[53] 王曦, 刘松玉, 章定文. 基于功能耦合理论的城市地下空间规划体系[J]. 解放军理工大学学报 (自然科学版) , 2014(3): 231-239.
[54] 于少辉, 高毅, 李洋, 等. 大型矩形断面地下工程机械化建造技术综述及展望[J]. 隧道建设 (中英文) , 2019, 39(3): 451-458.
[55] 季凡凡, 李亚明. 近距离管道基坑对运营地铁高架结构的影响[J]. 城市道桥与防洪, 2022(4): 228-231.
[56] 钱七虎. 利用地下空间助力发展绿色建筑与绿色城市[J]. 隧道建设 (中英文) , 2019, 39(11): 1737-1747.
[57] 李奕阳. 城市深层地下空间民用关键问题及基本对策[D]. 重庆: 重庆大学, 2018.
[58] 杨秀敏, 张顶立, 房倩. 北京地铁车站浅埋暗挖法建造技术发展综述[J]. 铁道标准设计, 2022, 66(4): 1-5, 20.
[59] 于少辉, 高毅, 李洋, 等. 大型矩形断面地下工程机械化建造技术综述及展望[J]. 隧道建设 (中英文) , 2019, 39(3): 451-458.
[60] 陈湘生, 付艳斌, 陈曦, 等. 地下空间施工技术进展及数智化技术现状[J]. 中国公路学报, 2022, 35(1): 1-12.
[61] 油新华, 耿冬青, 许国光, 等. 地下工程工业化建造发展进程及技术创新[J]. 建筑技术开发, 2015, 42(1): 15-18.
[62] 钱七虎. 现代城市地下空间开发利用技术及其发展趋势[J]. 铁道建筑技术, 2000(5): 1-6.
[63] 卢立民. 城市地下空间开发利用的必要性研究[EB/OL]. 2021-12-16 [2025-01-21]. https://wenku.so.com/d/0d5971d9561349e0a13b5d074d46f887.

[64] 张辛. 地下公共建筑的能耗分析与节能策略[J]. 中国科技期刊数据库 工业C, 2016(13): 113-114.
[65] 唐由海, 袁红. 商业中心区地下空间发展机制及城市设计方法[J]. 地下空间与工程学报, 2019, 15(5): 1306-1315.
[66] 刘夏. 城市下沉式广场地下空间设计探析[J]. 大观, 2024(5): 66-68.
[67] 刘荆, 羊娅萍, 邹亮. 地下空间利用支撑城市更新与高质量发展: 北京大红门地区规划设计实践[C]//中国城市规划学会. 人民城市, 规划赋能——2022 中国城市规划年会论文集 (02 城市更新) . 2023: 10.
[68] 田宜平, 吴冲龙, 翁正平, 等. 地质大数据可视化关键技术探讨[J]. 地质科技通报, 2020, 39(4): 29-36.
[69] 冯涛, 曹化平, 王栋, 等. 高铁复杂岩溶“空天地”一体化综合勘察技术[J]. 铁道工程学报, 2018(6): 1-6.